# Handbibliothek für Bauingenieure

Ein Hand- und Nachschlagebuch
für Studium und Praxis

Herausgegeben

von

**Robert Otzen**
Geh. Regierungsrat, Professor an der Technischen Hochschule
zu Hannover

II. Teil. Eisenbahnwesen. 6. Band:

## Eisenbahn-Hochbauten

von

**C. Cornelius**

**Berlin**
Verlag von Julius Springer
1921

# Eisenbahn-Hochbauten

Von

**C. Cornelius**
Regierungs- und Baurat in Berlin

Mit 157 Textabbildungen

**Berlin**
Verlag von Julius Springer
1921

ISBN 978-3-642-47145-2 ISBN 978-3-642-47432-3 (eBook)
DOI 10.1007/978-3-642-47432-3


Softcover reprint of the hardcover 1st edition 1921

# Vorwort.

Die Fortschritte der Eisenbahntechnik sind von der Literatur ständig begleitet und vertieft worden, nur auf dem Gebiete des Eisenbahnhochbaues ist sie ihnen nicht gefolgt.

Wohl hat E. Schmitt im Jahre 1882 einen ersten Versuch mit seinem Buche: „Bahnhöfe und Hochbauten auf Lokomotiveisenbahnen" unternommen dem abzuhelfen. Aber die Entwicklung des Eisenbahnwesens hat dies Werk längst überholt, namentlich seitdem der Eisenbahnhochbau zielbewußt im preußischen Ministerium der öffentlichen Arbeiten durch den Wirklichen Geheimen Oberbaurat Dr. ing. Rüdell geleitet und gefördert wurde. Deutlich ist seit dieser Zeit, seit etwa 25 Jahren, ein folgerichtiges Vorwärtsschreiten und eine Klärung der Forderungen erkennbar, die an die Grundrißlösung der verschiedenen Gebäudearten zu stellen sind.

Die Ergebnisse dieser Entwicklung, die sich in einzelnen, meist in Zeitschriften verstreuten Aufsätzen verfolgen läßt, übersichtlich zusammenzustellen und mit den für den Eisenbahnhochbau bestehenden Bestimmungen zu vereinen ist das Ziel dieses Buches, um so zum weiteren Ausbau des Eisenbahnhochbaues beizutragen.

Geschrieben im Jahre 1914, hat der Weltkrieg sein Erscheinen hinausgeschoben; die in der Zwischenzeit erschienenen einschlägigen Veröffentlichungen haben daher in der Bücherschau am Schlusse des Bandes noch berücksichtigt werden können.

Berlin-Heerstraße, im Herbst 1920.

**C. Cornelius.**

# Inhaltsverzeichnis.

# I. Einleitung.

Der Eisenbahnhochbau umfaßt ein viel weiteres Gebiet, als im allgemeinen angenommen wird. Zu ihm gehören alle Hochbauten, die im engeren oder weiteren Zusammenhang mit dem Bahnbetrieb stehen, d. h. außer den Bauten für den Verkehr der Reisenden und die Beförderung der Güter, für die Verwaltung und den Betrieb, für die Lokomotiven, Wagen und Werkstattsanlagen, außer den Bauten für die Wohlfahrt und den Aufenthalt der Angestellten auch deren Wohnungen. Letztere werden häufig zu Siedlungen, größeren und kleineren, vereinigt und erfordern dann alle zu solchen erforderlichen Nebenanlagen, wie Schulen, Kapellen, Kirchen, Krippen usw., so daß auch diese Bauten — faßt man den Begriff Eisenbahnhochbau im weitesten Sinne — zu ihnen zu rechnen sein würden. Und nicht gerade selten treten an den Eisenbahnarchitekten Aufgaben aus diesen Gebieten heran.

Es würde aber den Rahmen, dem sich die Ausführungen dieses Buches einfügen sollen, weit übersteigen, auch diese Gebiete des allgemeinen Hochbaues einer eingehenden Betrachtung zu unterziehen. Es erscheint dies auch nicht geboten, weil sie sich nur in unwesentlichen Teilen von gleichartigen Anlagen unterscheiden. Sie werden daher nur kurz gestreift werden. Ausführlich sollen nur die Wohngebäude für die Bediensteten behandelt werden, weil für sie bestimmte Grundsätze im Zusammenhang mit dem Bahnbetriebe bestehen. Im übrigen werden sich die Ausführungen auf den Eisenbahnhochbau im engeren Sinne beschränken.

Eine weitere Einschränkung werden sie dadurch erhalten, daß sie auf die Bauten der preußisch-hessischen Eisenbahngemeinschaft begrenzt und an der Hand der für diese bestehenden Vorschriften behandelt werden sollen, während ausländische Verhältnisse nur gelegentlich, soweit es geboten erscheint, werden herangezogen werden.

Diese Begrenzung ist durch die eigenartige und verschiedene Entwicklung geboten, die der Eisenbahnverkehr und mit ihm der Eisenbahnhochbau in den verschiedenen Ländern erhalten haben. Bei letzterem übertreffen die Unterschiede, die Landessitte und -gebräuche hervorgerufen haben, vielfach das Gemeinsame. All diese Verschiedenheiten hervorzuheben, würde zur Zersplitterung führen, ohne Gewinn zu bringen, weil eben andere Gewohnheiten im Leben und Verkehr, im Handel und Wandel auch andere Einrichtungen bedingen, so daß es nicht angängig ist, fremde Einrichtungen ohne weiteres auf unsere heimischen Verhältnisse zu übertragen.

Wohl aber gelten für Eisenbahnhochbauten alle die Grundsätze, die auch für andere Bauten gelten. Sie sollen in einfachen und leichten Formen und Verbänden aus den ortsüblichen Baustoffen errichtet werden, möglichst feuer- und einbruchsicher und so eingerichtet sein, daß der Dienst in ihnen nach den verschiedenen Zwecken von einander getrennt und in einfacher, leichter Weise mit der geringsten Kopfzahl von Bediensteten erledigt werden kann.

Im eigentlichen Eisenbahnhochbau kann man drei Gruppen von Gebäudearten unterscheiden, die sich gelegentlich mehr oder weniger vermischen; es sind dies die Bauten für den Verkehr und Betrieb, für die Verwaltung und für die Wohlfahrt.

Die ersteren sind:

1. die Empfangsgebäude und Dienstabfertigungsstellen,
2. die Stellwerksgebäude,
3. die Güterschuppen mit den Abfertigungsgebäuden,
4. die Lokomotivschuppen,
5. die Wagenschuppen und Desinfektionsanstalten,
6. die Werkstätten,
7. die Lagerhäuser und die Kohlenbühnen,
8. die Wassertürme.

Die Gebäude für die Verwaltung zerfallen in:

1. die Geschäftsgebäude der Direktionen,
2. die Geschäftsgebäude der Ämter,
3. die Bahnmeistereien.

Bei den Bauten für die Wohlfahrt der Angestellten unterscheidet man im wesentlichen:

1. Aufenthaltsgebäude und Speiseanstalten,
2. Übernachtungsgebäude, Schlafhäuser und Ledigenheime,
3. Wohnungen der Arbeiter und der unteren und mittleren Beamten,
4. Ansiedlungen für Arbeiter und untere und mittlere Beamte,
5. Wohnungen für höhere Beamte.

Wie schon oben gesagt, ist die Trennung der Gebäudearten keine strenge, sehr häufig sind in einem Hause mehrere Arten von Dienststellen des äußeren und inneren Dienstes mit Wohnungen und Aufenthaltsräumen zusammen unterzubringen, so daß bei der Besprechung Wiederholungen gelegentlich kaum zu vermeiden sind; immerhin soll versucht werden, die im vorstehenden gegebene Einteilung durchzuführen, und zwar soll stets von der einfachsten Form ausgegangen werden.

# II. Bauten für den Verkehr.

## A. Empfangsgebäude.

### 1. Allgemeines.

Die Empfangsgebäude dienen für die Abfertigung der abfahrenden und der ankommenden Reisenden. Der ihnen allen unentbehrliche Raum — abgesehen

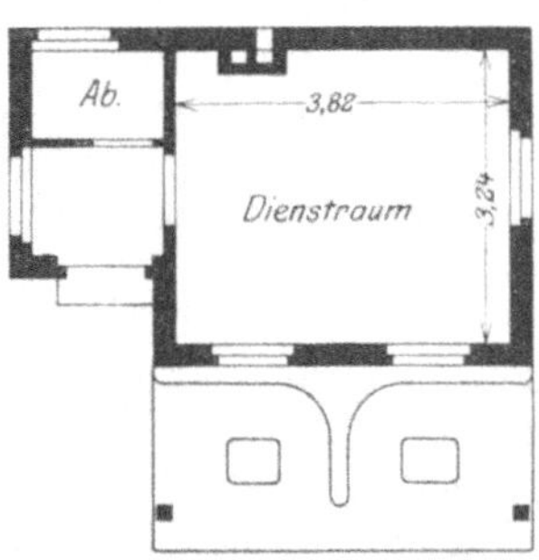


Abb. 1. Fahrkartenverkaufsstelle in Eichwalde b. Berlin.

Abb. 2. Fahrkartenverkaufsstelle in Eichwalde.

von den Empfangsgebäuden für Fürstlichkeiten, von denen am Schluß die Rede sein wird, und von den Gebäuden auf Zwischenbahnsteigen, die keine eigentlichen

Empfangsgebäude sind, aber im Zusammenhang mit ihnen besprochen werden sollen — ist der Raum für den Fahrkartenverkauf. In einfachster Form besteht er aus einem Raum mit einem oder mehreren Schalterfenstern, an denen die Fahrkarten gelöst werden. Er findet sich in dieser einfachen Gestalt meist bei vorübergehenden und bei nur zeitweilig benutzten Anlagen, wie z. B. bei Orten mit starkem Sonntags- und Ausflugsverkehr. Als Beispiel diene die Anlage in Eichwalde bei Berlin (Abb. 1 u. 2). Häufiger sind jedoch die Anlagen, bei denen zum Schutz der Reisenden der Fahrkartenverkauf sich nicht im Freien, sondern in einem geschützten Raume vollzieht.

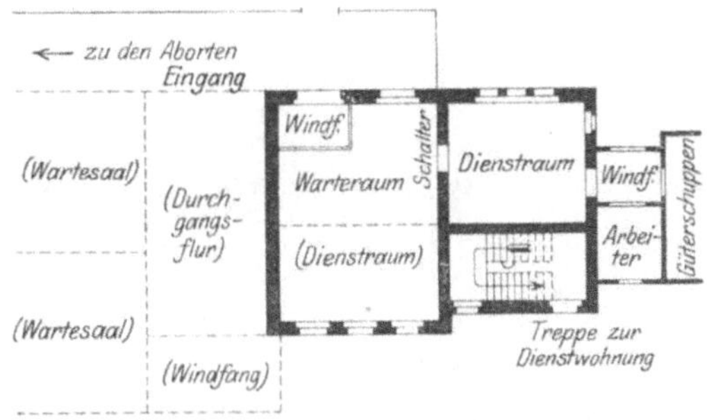


Abb. 3. (Grundrißmuster zu Stationsgebäuden der preußisch-hessischen Eisenbahn.)

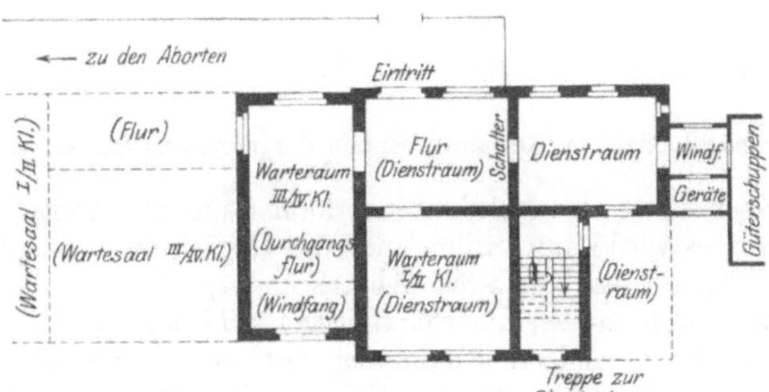


Abb. 4. (Grundrißmuster zu Stationsgebäuden der preußisch-hessischen Eisenbahn.)

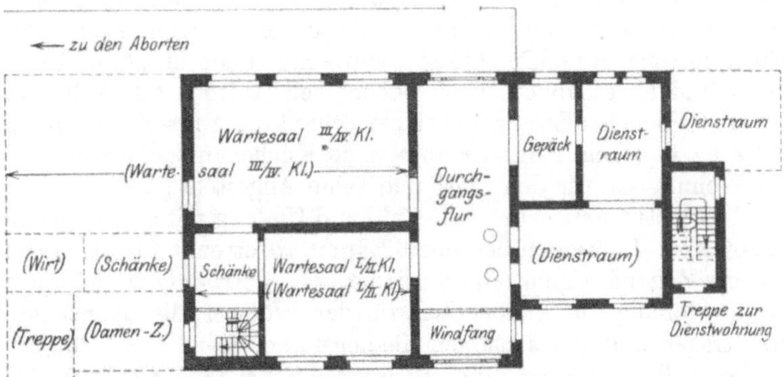


Abb. 5. (Grundrißmuster zu Stationsgebäuden der preußisch hessischen Eisenbahn.)

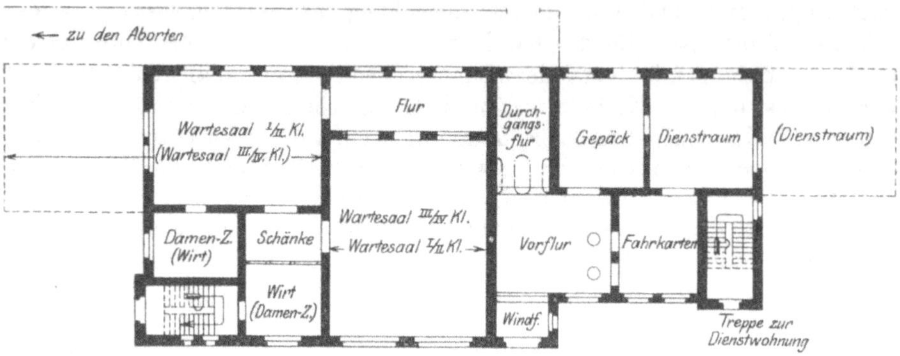


Abb. 6. (Grundrißmuster zu Stationsgebäuden der preußisch-hessischen Eisenbahn.)

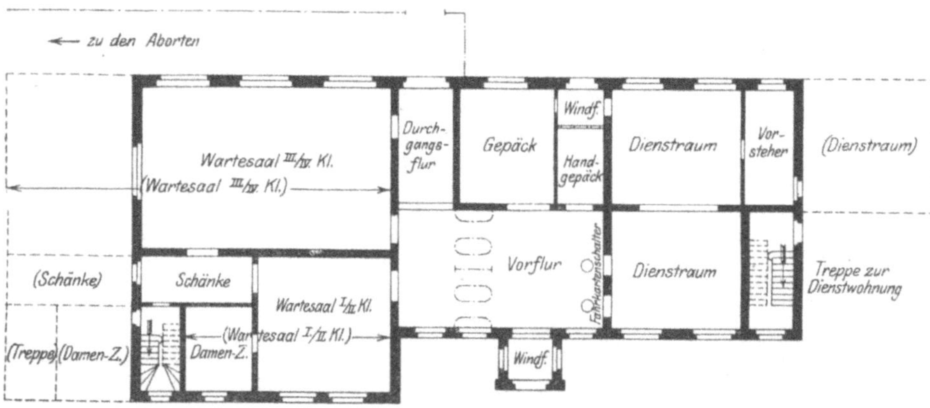


Abb. 7. (Grundrißmuster zu Stationsgebäuden der preußisch-hessischen Eisenbahn.)

Meist jedoch dient der Fahrkartenverkaufsraum gleichzeitig dem Zugabfertigungsdienst; es wird dann in ihm auch das Gepäck der Reisenden, soweit es längere Zeit zu lagern hat, verwahrt (Abb. 3 und 4).

Die nächste Stufe stellen die Empfangsgebäude dar, in denen für die Gepäckabfertigung ein besonderer Raum abgeteilt wird, (Abb. 10 und 11), und weiterhin ein besonderer Raum für den Zugabfertigungsdienst (Abb. 5 bis 9).

Dient bei einfachen Verhältnissen der Eintrittsflur gleichzeitig als Warteraum, so wird mit zunehmender Größe ein solcher besonders abgeteilt (Abb. 12—14); bei weiter fortschreitender Entwicklung werden getrennte Wartesäle für Reisende mit Fahrkarten 1. und 2. und mit Karten 3. und 4. Klasse angelegt (Abb. 4 und 5). Bei großen Anlagen geht man in dieser Teilung weiter, trennt auch noch Warteräume für Nichtraucher und für Frauen, sowie Speisesäle ab (Abb. 15—27). In Norddeutschland ist es üblich, auch bei kleinen Anlagen schon Bahnhofswirtschaften vorzusehen, häufig nur aus einem Schankraum bestehend. Bei größeren Anlagen treten dazu ein Anrichteraum, eine Küchenanlage, ein Raum für den Wirt und Wohnräume für den Wirt und seine Angestellten.

Auch die Diensträume nehmen an Zahl und Umfang mit der steigenden Größe des Bahnhofes zu. Es werden besondere Räume abgetrennt für den Telegraphendienst, für die Zugabfertigung, die Stationskasse, die Handgepäckaufbewahrung, für Auskunfterteilung, für Fundsachen, für den Pförtner, die Bahnsteigschaffner, die Gepäckträger und die sonstigen Bediensteten, wohl auch Räume für die Polizei, die Zollabfertigung, die Bahnhofsmission, die Gepäckbeförderungsgesellschaften; dazu treten eine oder mehrere Wohnungen für Beamte, Unterrichts- und Beratungsräume.

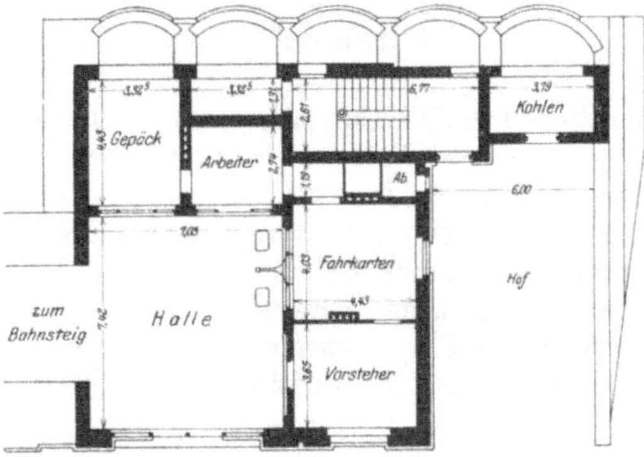


Abb. 8. Empfangsgebäude des Bahnhofes Yorkstraße in Berlin. Grundriß.

Abb. 9. Empfangsgebäude des Bahnhofes Yorkstraße in Berlin. Ansicht.

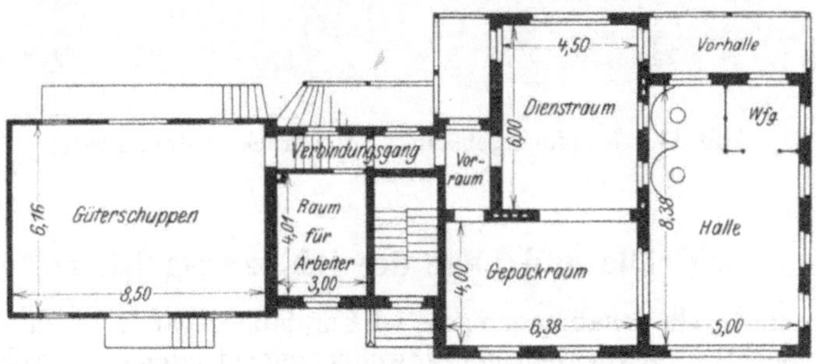


Abb. 10. Empfangsgebäude in Germendorf.

Abb. 11. Empfangsgebäude in Germendorf (Bahnseite).

Schließlich sind in den großen Empfangsgebäuden noch Abort- und Waschanlagen, wohl auch Bade- und Frisierräume vorzusehen, ferner Plätze für den Verkauf von Zeitungen, Blumen, Zigarren, Obst und für Geldwechsler.

In den älteren Empfangsgebäuden waren auch meist die Empfangsräume für Fürstlichkeiten mit aufgenommen, für die man neuerdings jedoch vorzieht, besondere Bauten im Anschluß an die Empfangsgebäude oder ganz freistehende Anlagen zu errichten. (Abb. 26 u. 27.)

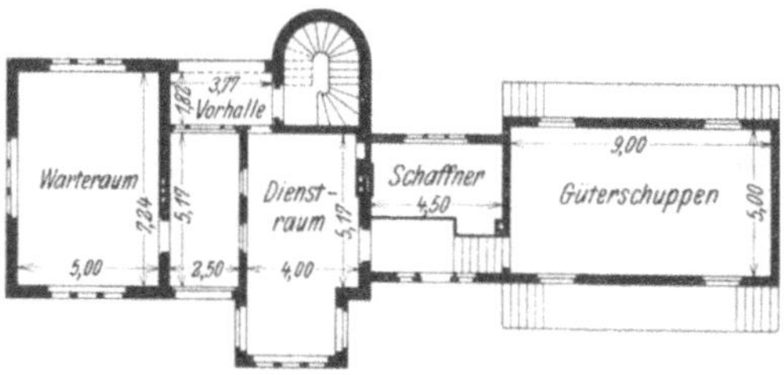


Abb. 12. Empfangsgebäude in Rehbrücke.

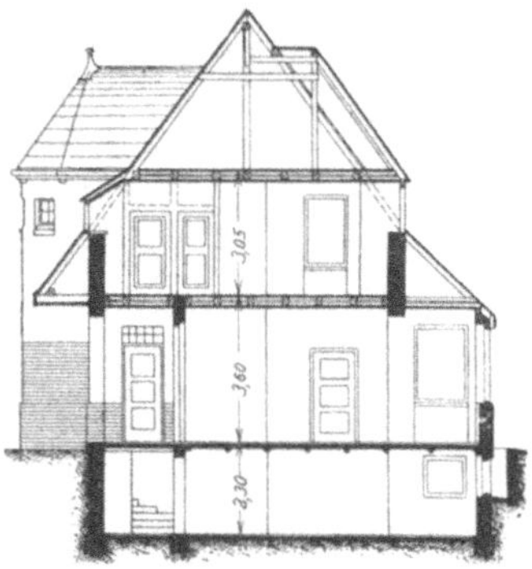

Abb. 13. Empfangsgebäude in Rehbrücke (Querschnitt).

Abb. 14. Empfangsgebäude in Rehbrücke (Straßenseite).

## 2. Größe und Lage der Empfangsgebäude.

Was nun die Größenabmessungen der Empfangsgebäude angeht, so hat man vielfach versucht, sie aus der Zahl der Einwohner der betreffenden Ortschaften zu er mitteln. Alle diese Versuche sind gescheitert und mußten scheitern, weil der Verkehr von zuviel anderen Dingen abhängt, in erster Linie von der Art der Zugfolge, dann von der Frage, ob es sich um einen End-, einen Durchgangs- oder Umsteigebahnhof handelt, ob mit starkem Markt-, Bade- oder Ausflugverkehr zu rechnen ist, ob es sich um Industrie- oder Landorte handelt und dergl. Auch die Frage der größeren oder geringeren Reiselust der Bevölkerung ist von nicht zu unterschätzender Bedeutung, kurz es sind eine Reihe von Umständen, die sich mathematisch nicht erfassen lassen. Bei der heutigen Dichte des Eisenbahnnetzes wird es sich beim Bauen von Empfangsgebäuden meist um Anlagen handeln, für die ähnliche Bauten schon in größerer oder geringerer Nähe bestehen, so daß die bei diesen gemachten Erfahrungen als Anhalt dienen können, oder um Ersatzbauten für ältere Gebäude, für die im Laufe der Zeit die Raumbedürfnisfrage bereits geklärt ist. Unerwartet eintretende Bedürfnisse, beispielsweise bei Verlegung von großen Werken, Anlage von Freibädern u. dergl., werden immer durch einen entsprechenden Um- oder Ausbau leichter befriedigt werden können,

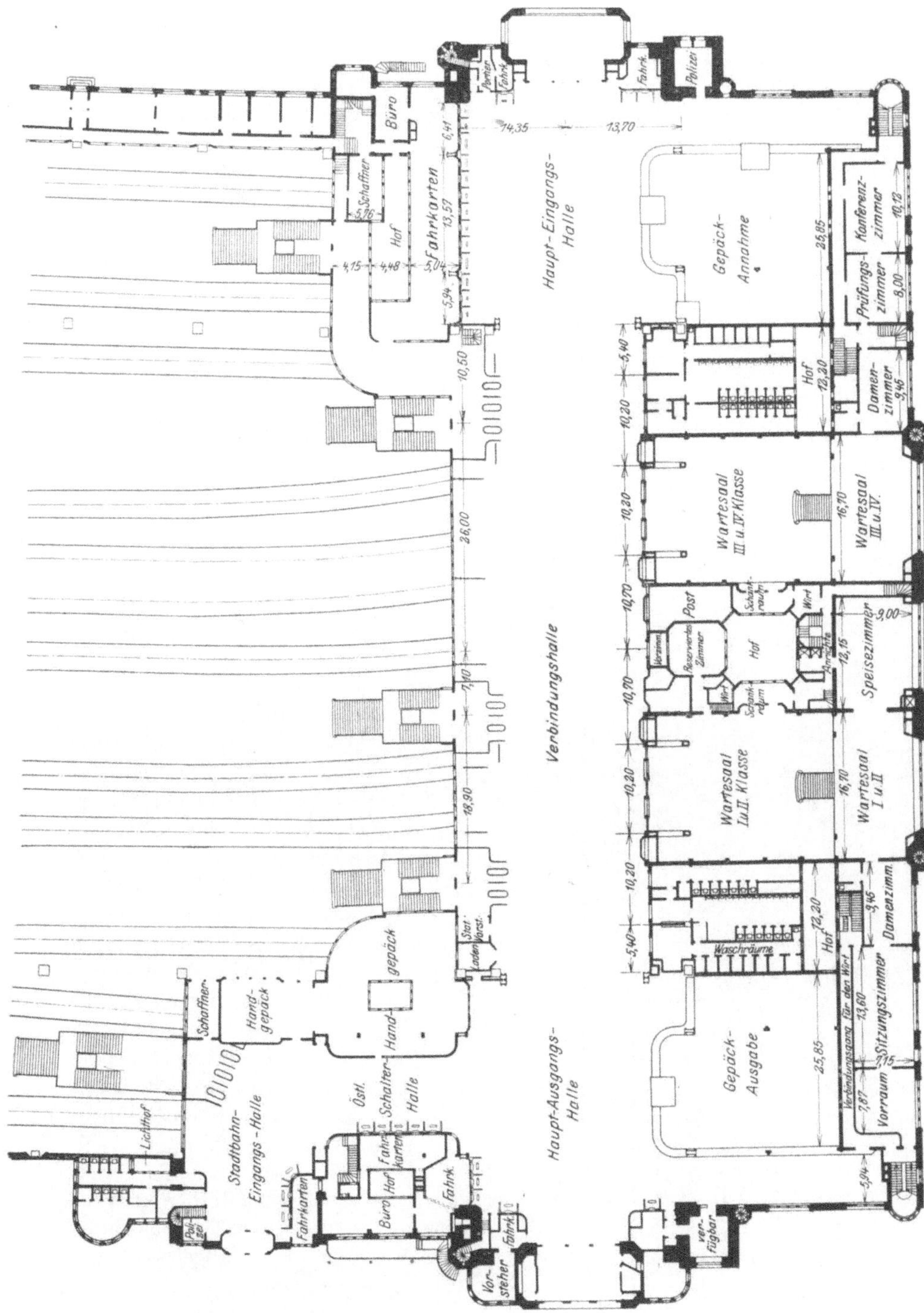


Abb. 15. Empfangsgebäude in Hamburg, Hauptbahnhof.

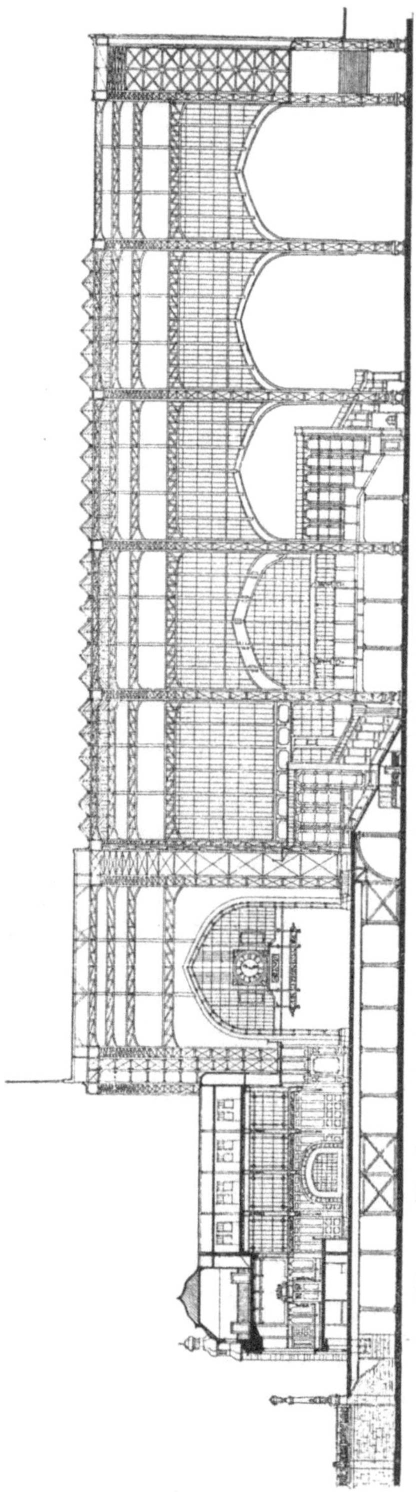

Abb. 16. Empfangsgebäude in Hamburg, Hauptbahnhof (Schnitt durch den Wartesaal III. u. IV. Klasse).

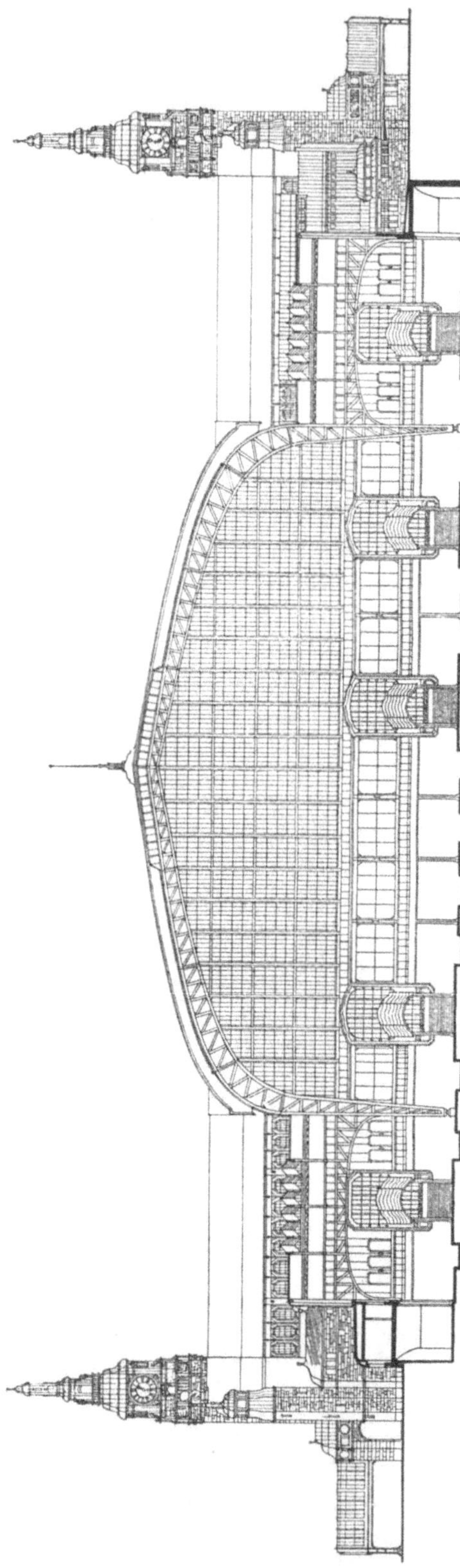

Abb. 17. Empfangsgebäude in Hamburg, Hauptbahnhof (Querschnitt durch die Bahnsteighalle).

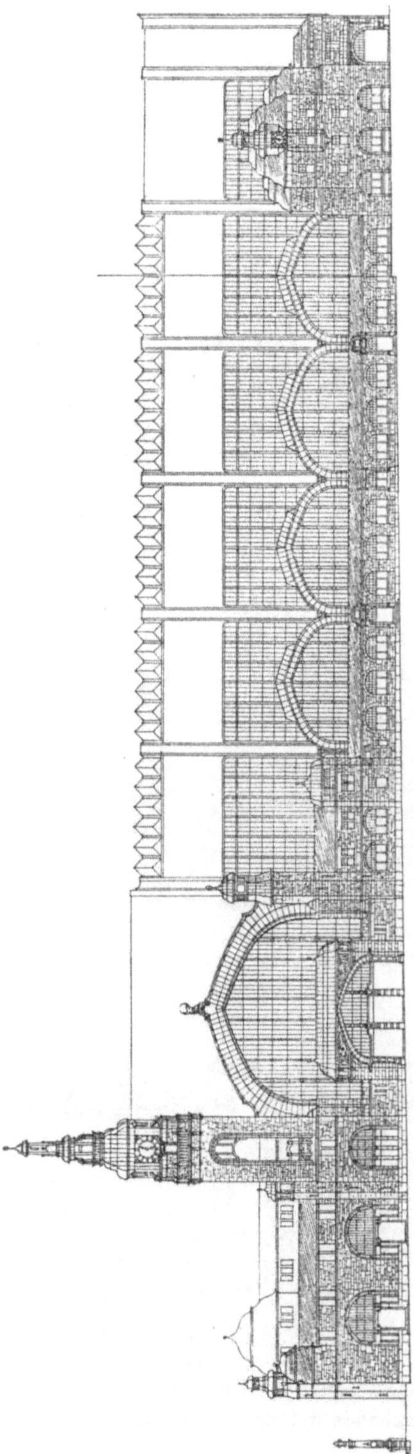

Abb. 18. Empfangsgebäude in Hamburg, Hauptbahnhof (Seitenansicht).

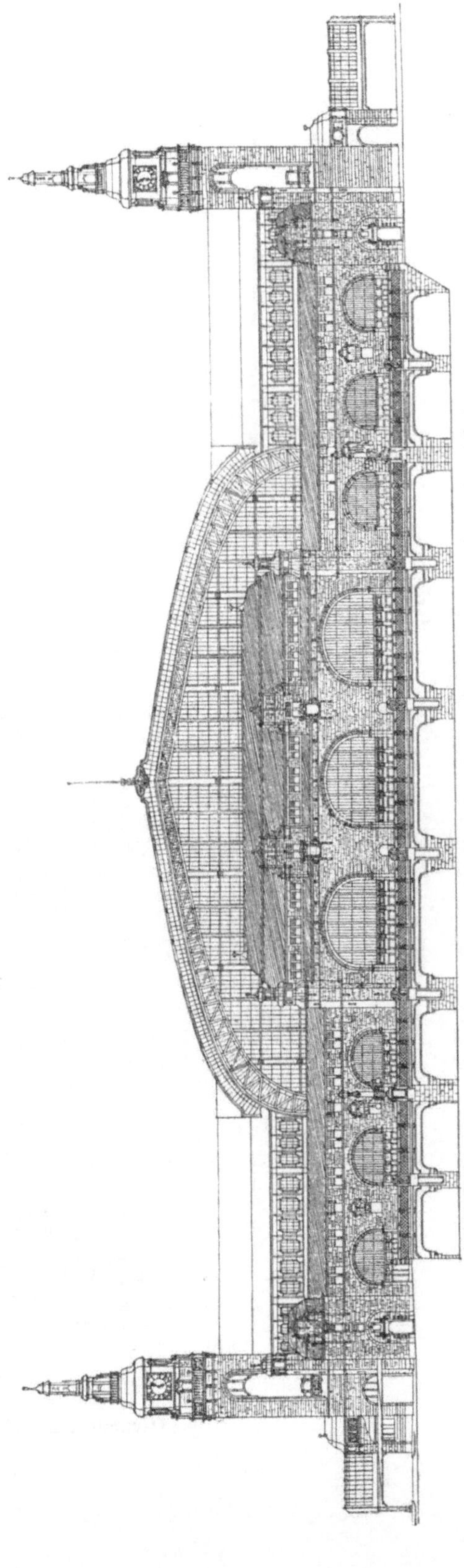

Abb. 19. Empfangsgebäude in Hamburg, Hauptbahnhof (Hauptansicht).

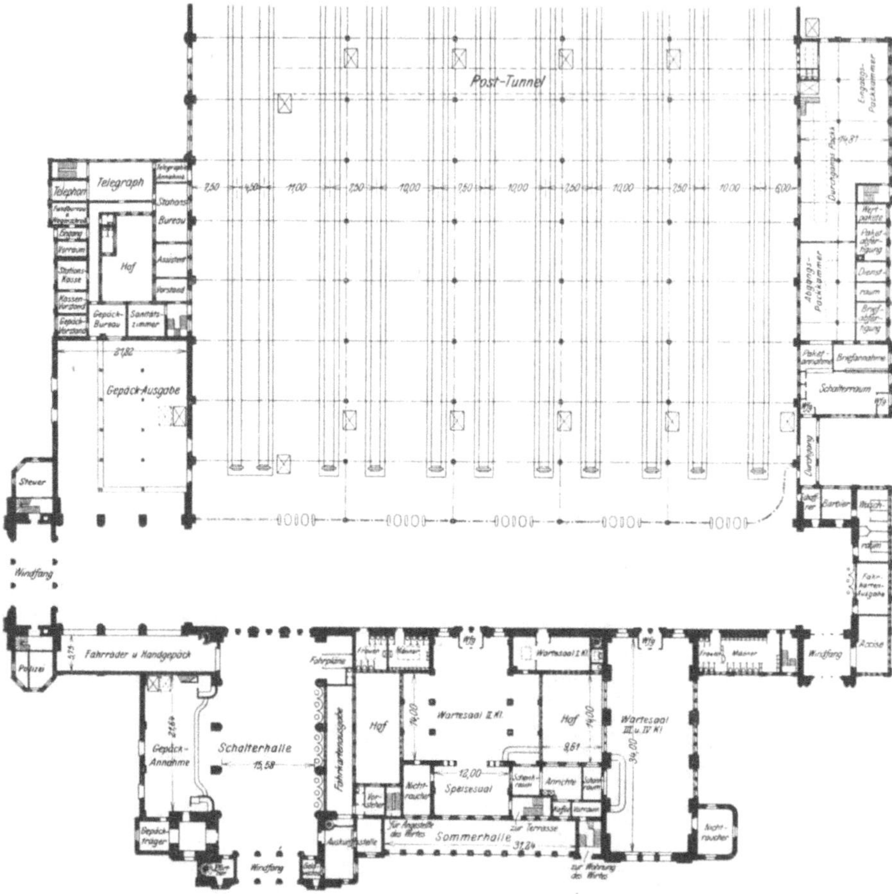


Abb. 20. Empfangsgebäude Wiesbaden. Hauptgrundriß.

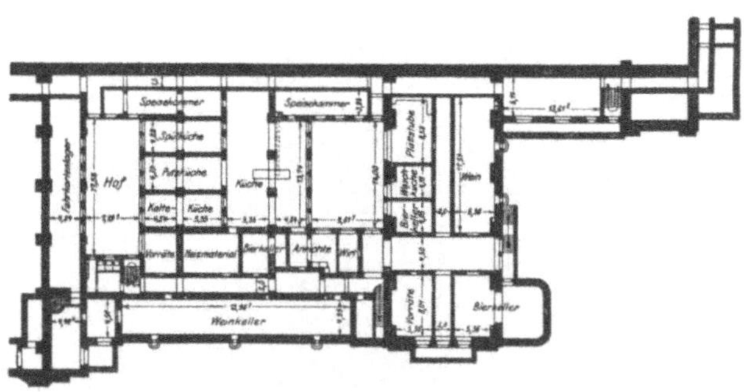


**Abb. 21. Empfangsgebäude in Wiesbaden. (Grundriß des Kellergeschosses mit der Küchenanlage.)**

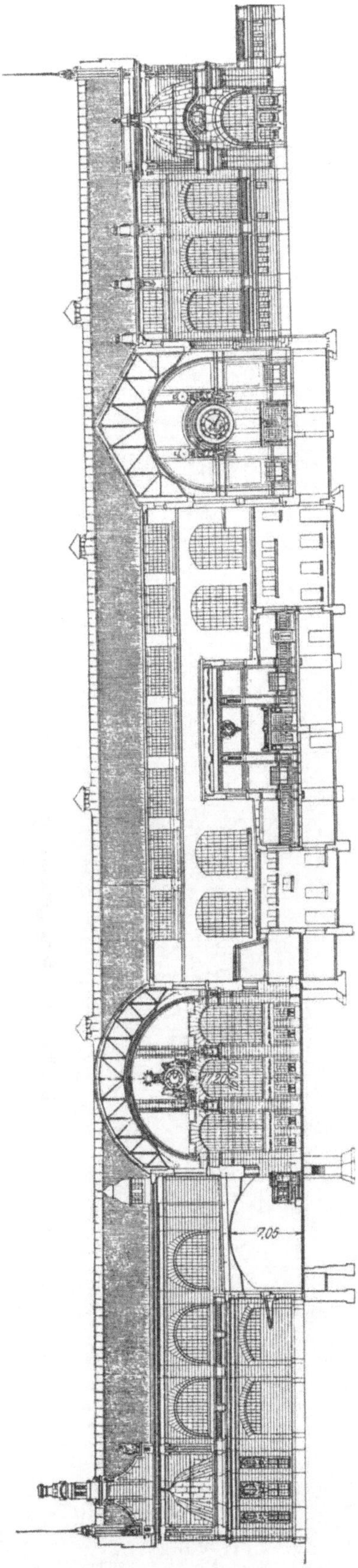


Abb. 22. Wiesbaden.

Abb. 23. Empfangsgebäude des Bahnhofes Wiesbaden. Schnitt durch den Fahrkartenverkaufsraum.

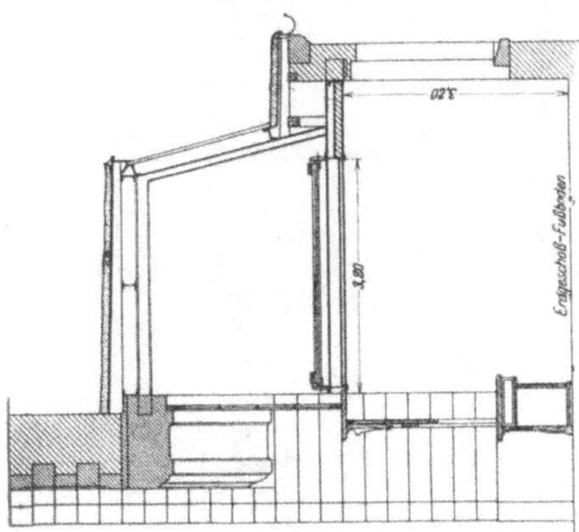


Abb. 23.

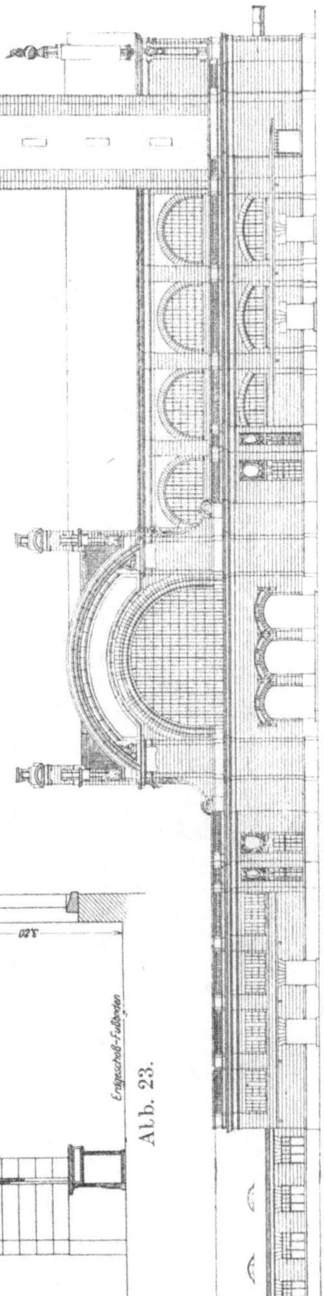

**Abb. 24. Empfangsgebäude in Wiesbaden (Seitenansicht).**

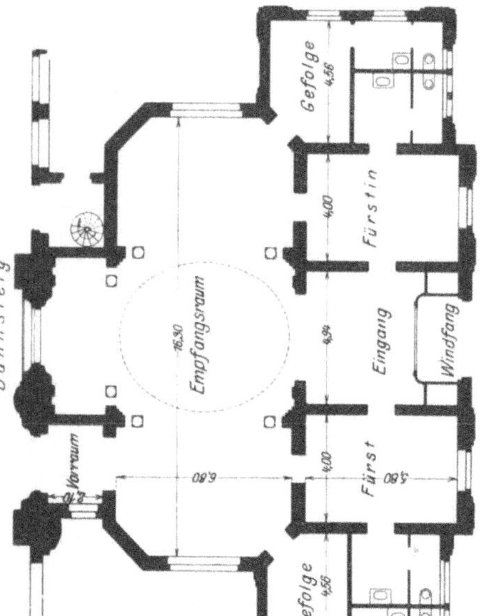


Abb. 26. Empfangsgebäude in Wiesbaden (Grundriß des Fürstenbaues).

Abb. 27. Empfangsgebäude in Wiesbaden (Ansicht des Fürstenbaues).

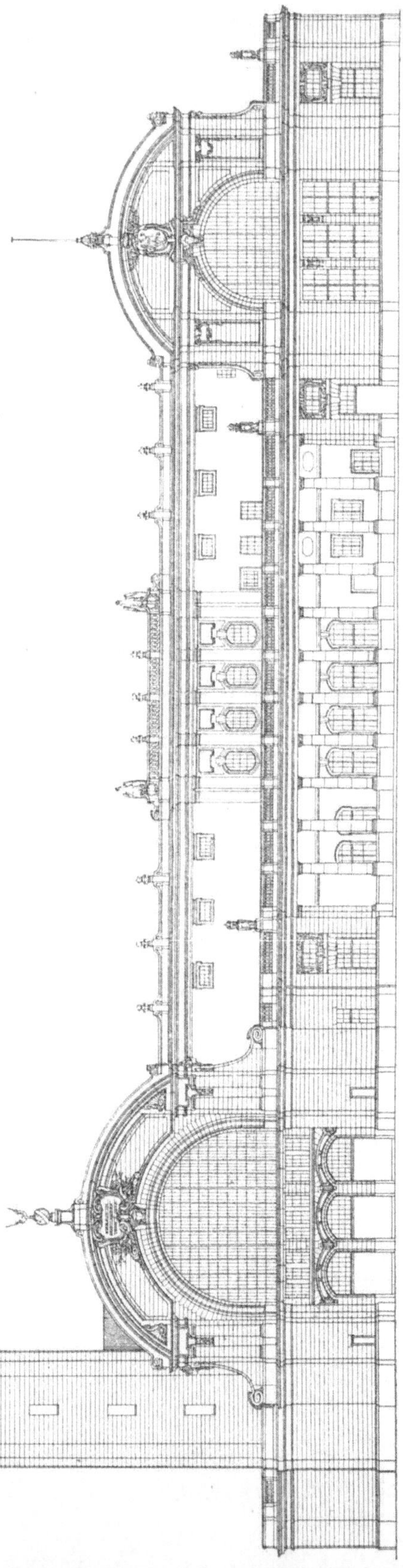

**Abb. 25. Empfangsgebäude in Wiesbaden (Hauptansicht).**

als wenn von vornherein auf all solche Dinge Rücksicht genommen wird, was in den meisten Fällen für die ursprüngliche Anlage zu weniger günstiger Lösung des Grundrisses führt.

Die Lage des Empfangsgebäudes wird in der Regel durch die Örtlichkeit

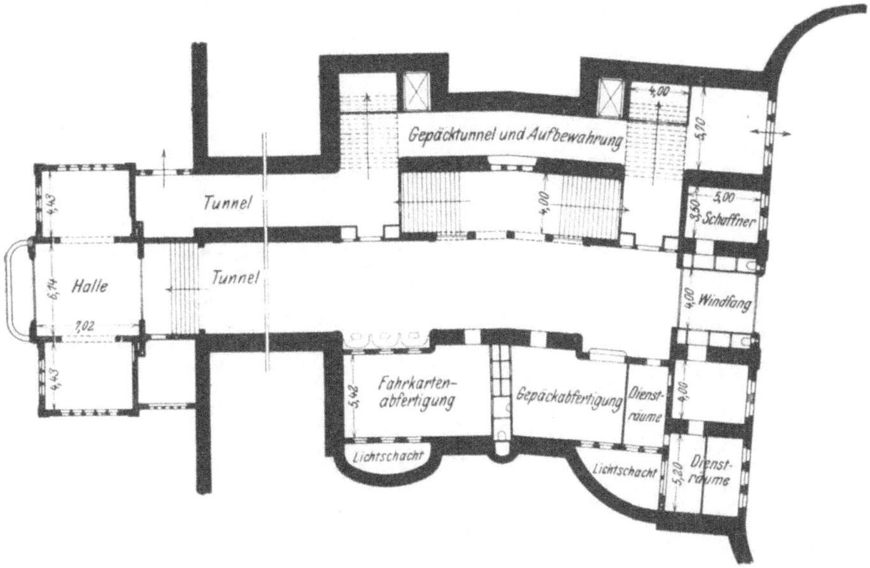


Abb. 28. Abfertigungsräume in Hermsdorf.

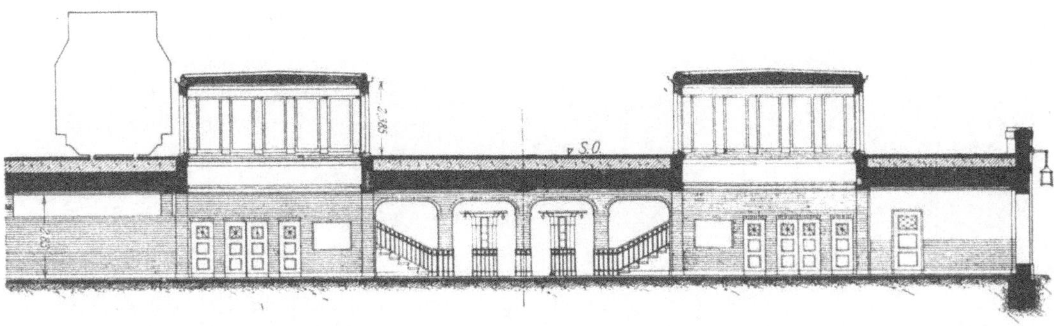

Abb. 29. Abfertigungsräume in Hermsdorf (Schnitt durch den Tunnel).

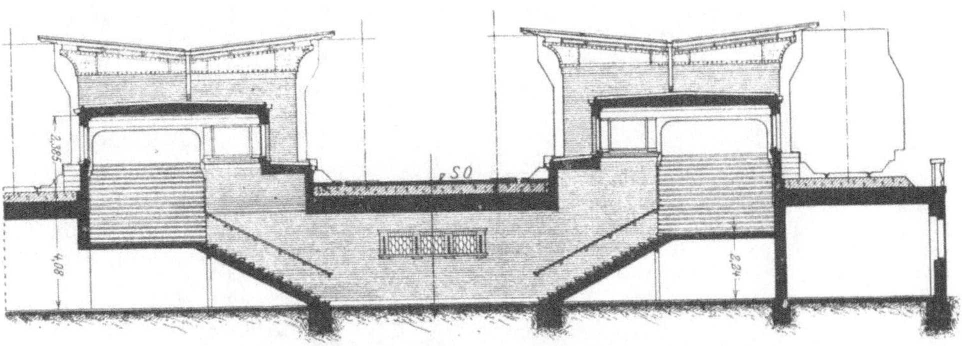

Abb. 30. Abfertigungsräume in Hermsdorf (Schnitt durch die Bahnsteigtreppe).

bedingt; nach Möglichkeit soll sie so gewählt werden, daß der Verkehr der Reisenden durch den Bahnbetrieb und durch den Verkehr der Lastfuhrwerke zu den Freiladestraßen und den Güterschuppen möglichst wenig belästigt wird und die Bahnsteige von der Fahrkartenverkaufsstelle auf kürzestem Wege erreicht werden können. Bei eingleisigen Bahnen und ländlichen Verhältnissen kann dieser letzten

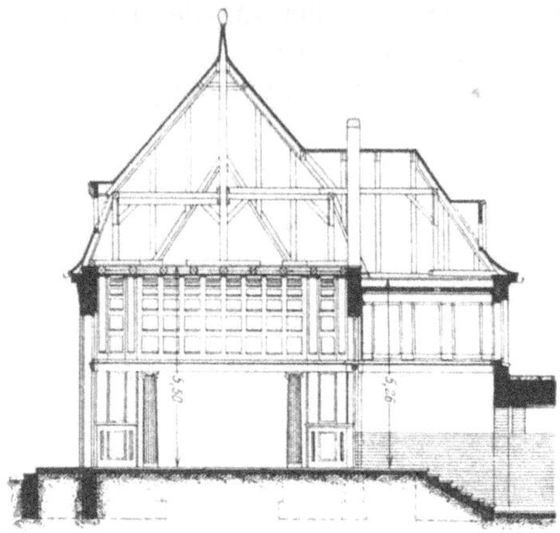

Abb. 31. Schnitt durch das Vorgebäude in Hermsdorf.

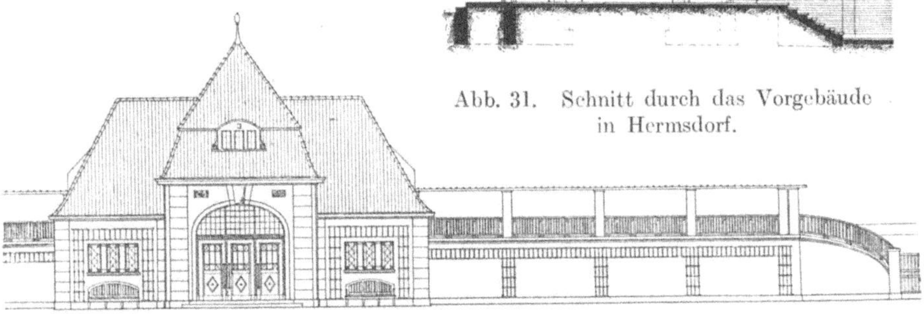

Abb. 32. Ansicht des Vorgebäudes in Hermsdorf.

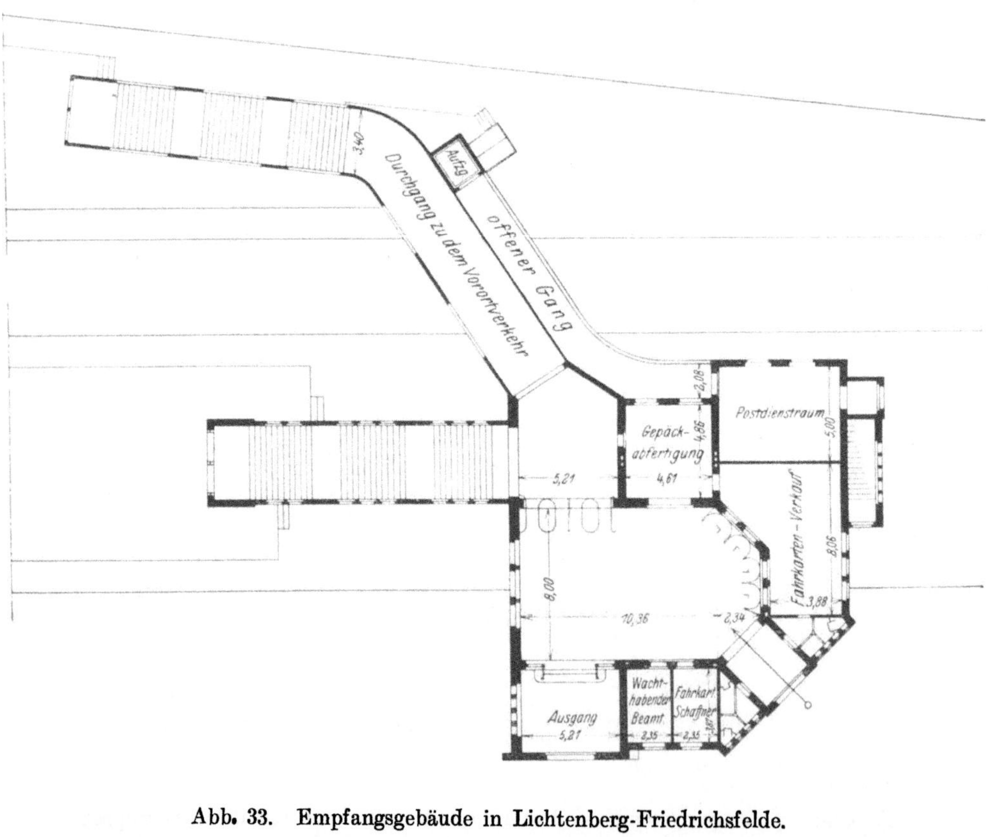


Abb. 33. Empfangsgebäude in Lichtenberg-Friedrichsfelde.

Forderung auf einfachste Weise durch unmittelbare Lage der Empfangsgebäude am Bahnsteig genügt werden; auch bei den Empfangsgebäuden der Endstationen, soweit sie als sogenannte Kopfbahnhöfe ausgebildet sind, stößt

Abb. 34. Empfangsgebäude in Lichtenberg-Friedrichsfelde.

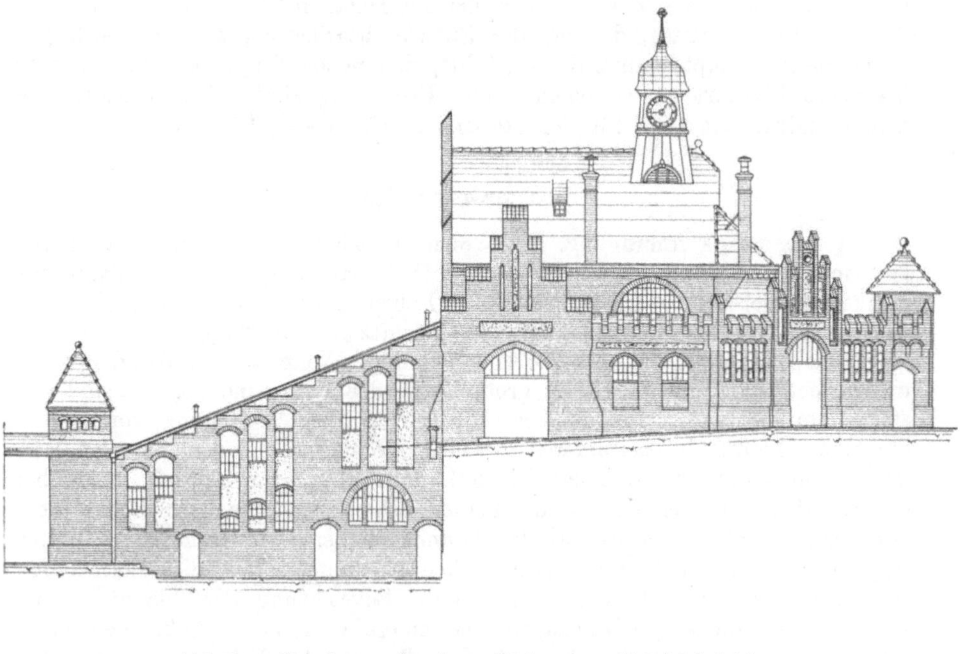

Abb. 35. Empfangsgebäude in Lichtenberg-Friedrichsfelde.

diese letzte Forderung in der Regel nicht auf besondere Schwierigkeiten; bei beschränkten örtlichen Verhältnissen jedoch und wenn wegen der Stärke des Zugverkehrs schienenfreier Zugang zu den Bahnsteigen gefordert werden muß, ist die Anordnung von Brücken oder Tunnelgängen nicht zu vermeiden. Als Beispiele für in solchen Fällen notwendig werdende Lösungen sei auf die Abb. 15 bis 19 und 28 bis 54 verwiesen. Eine weitere Erschwernis tritt hinzu bei Bahnkreuzungen mit Bahnsteigen in verschiedenen Höhenlagen, den sogenannten Turmstationen, wo die Anlage der Abfertigungsräume in mittlerer Höhe wie in Osnabrück in Frage kommen kann, doch tut man besser, sie in Höhe des einen Bahnsteiges zu legen.

Eine besondere Schwierigkeit entsteht, wenn für die Räume des Empfangsgebäudes kein anderer Platz zur Verfügung steht als der Raum unter den Gleisen, bei den sogenannten Viaduktanlagen, in der Lösung der Frage, wie den Räumen genügend Licht zugeführt werden soll. Die Grundrißlösung gestaltet sich in diesem Falle immerhin noch einfach, wenn die Räume so angeordnet werden können, daß die Räume seitlich oder an einer unter den Gleisen hindurchführenden Straße aufgereiht werden können (Abb. 43 bis 45). Läßt sich das nicht ermöglichen, so ordnet man Lichtschächte zwischen den Gleisen (Abb. 28) an oder man muß auf die Anordnung von Oberlicht zurückgreifen. Sind Oberlichte nicht zu vermeiden, so sollten sie grundsätzlich nicht wagerecht liegend ausgebildet werden, wo sie der Verschmutzung durch Ruß und Staub gar zu sehr ausgesetzt sind, sondern immer einen Schutz durch einen Aufbau erhalten, dessen Seitenwände dem Deckenlicht die Beleuchtung zuführen. Als Beispiel einer überaus geschickten Zuführung von Licht zu den Viadukträumen sei auf den in Abb. 46 und 47 dargestellten Dammtor-Bahnhof in Hamburg hingewiesen, bei dem das überraschend günstige Ergebnis durch Ausschnitte im mittleren Bahnsteigteil und Ausnutzung der seitlichen Bahnsteigmauern zu Fenstergruppen erzielt ist.

Die Frage der Lichtzuführung ist für die Eisenbahn-Empfangsgebäude von einschneidender Bedeutung. Darf sie schon bei anderen Hochbauten nicht unterschätzt werden, so ist sie hier, bei der Hast und Eile des Verkehrs eins der Haupterfordernisse, die bei der Entwurfsbearbeitung zu berücksichtigen sind. Sie hat hauptsächlich dazu geführt, den neuen Empfangsgebäuden ihre besondere Eigenart zu verleihen. Von Bedeutung sind dabei besonders die Schalterhallen, die auch für den Reisenden wichtigsten Räume.

## 3. Schalterhallen.

**a) Allgemeine Anordnung.** Wie oben erwähnt, dient die Schalterhalle bei einfachen Verhältnissen gleichzeitig als Warteraum und wird dann mit Bänken ausgerüstet. In ihr sind die Fahrpläne in guter Sichthöhe aufzuhängen, d. h. so daß die unterste Schriftzeile 50—60 cm, die oberste höchstens 2,00 m über Fußboden sich befinden. Wenn an den Wänden nicht ausreichend Platz für die häufig große Zahl der Fahrpläne ist, so sind Gestelle, am zweckmäßigsten unverrückbare, für ihre Anbringung vorzusehen, die dann häufig in besonderen Nischen ihren Platz finden, um den Verkehr nicht zu stören (Abb. 20 und 38). Auch besondere Einrichtungen, bei denen Tafeln, die beiderseitig mit Plänen beklebt sind, je nach Bedarf hervorgezogen und eingesehen werden können, haben sich bewährt (z. B. der Apparat von Wörnle), doch ermöglichen sie immer nur die gleichzeitige Benutzung für zwei Reisende. Für gute Beleuchtung der Pläne ist mit Rücksicht auf die kleine Druckschrift besonders zu sorgen. Außer den Fahrplänen gelangen noch Tafeln mit den Preisen der Fahrkarten nach den verschiedenen Orten in den Schalterhallen zum Aushang, am besten neben den betreffenden Schaltern. Auch diese Preistafeln werden bei größerer Zahl in ähnlichen Gestellen wie die Fahrpläne vereinigt oder wohl auch in Buchform ausgelegt.

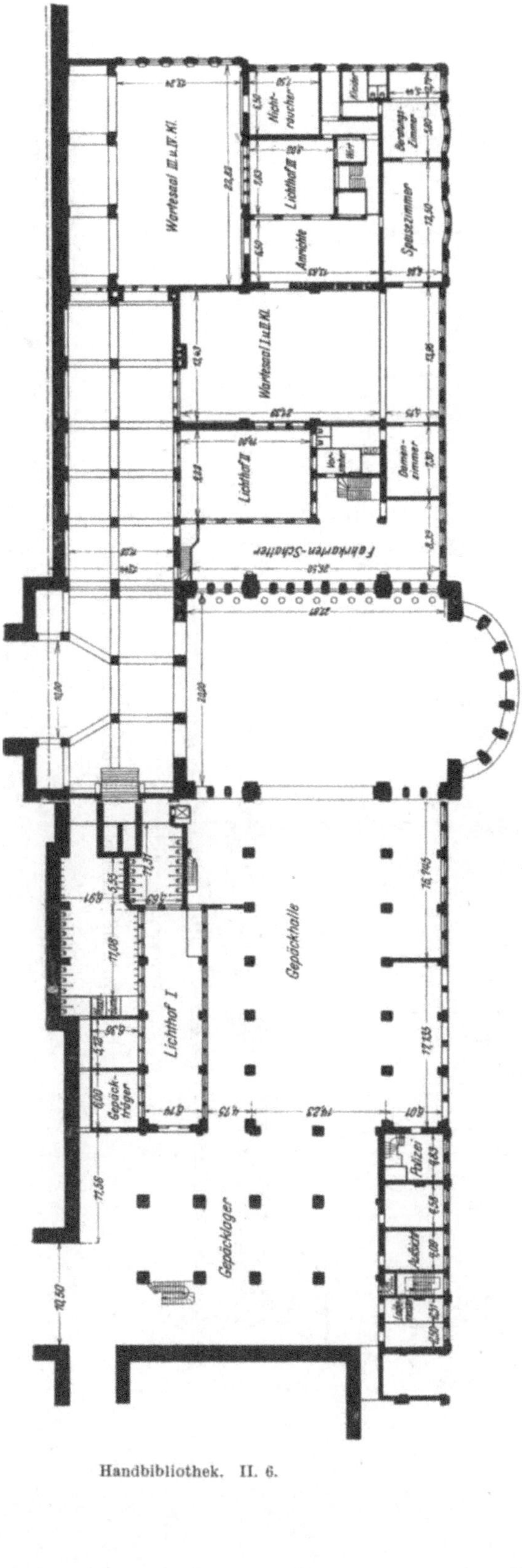


Abb. 36. Empfangsgebäude in Dortmund. Grundriß.

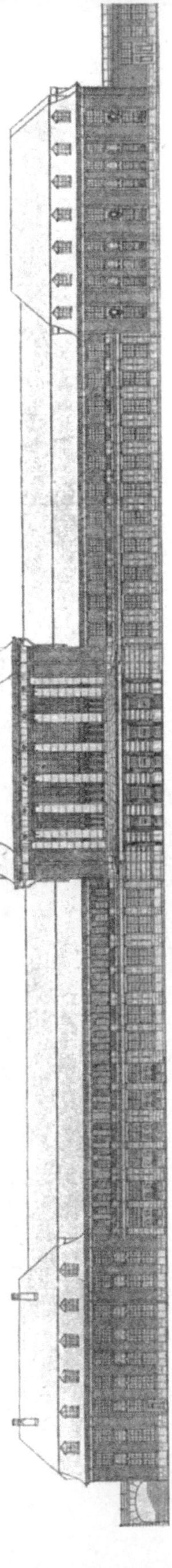

**Abb. 37. Empfangsgebäude in Dortmund.**

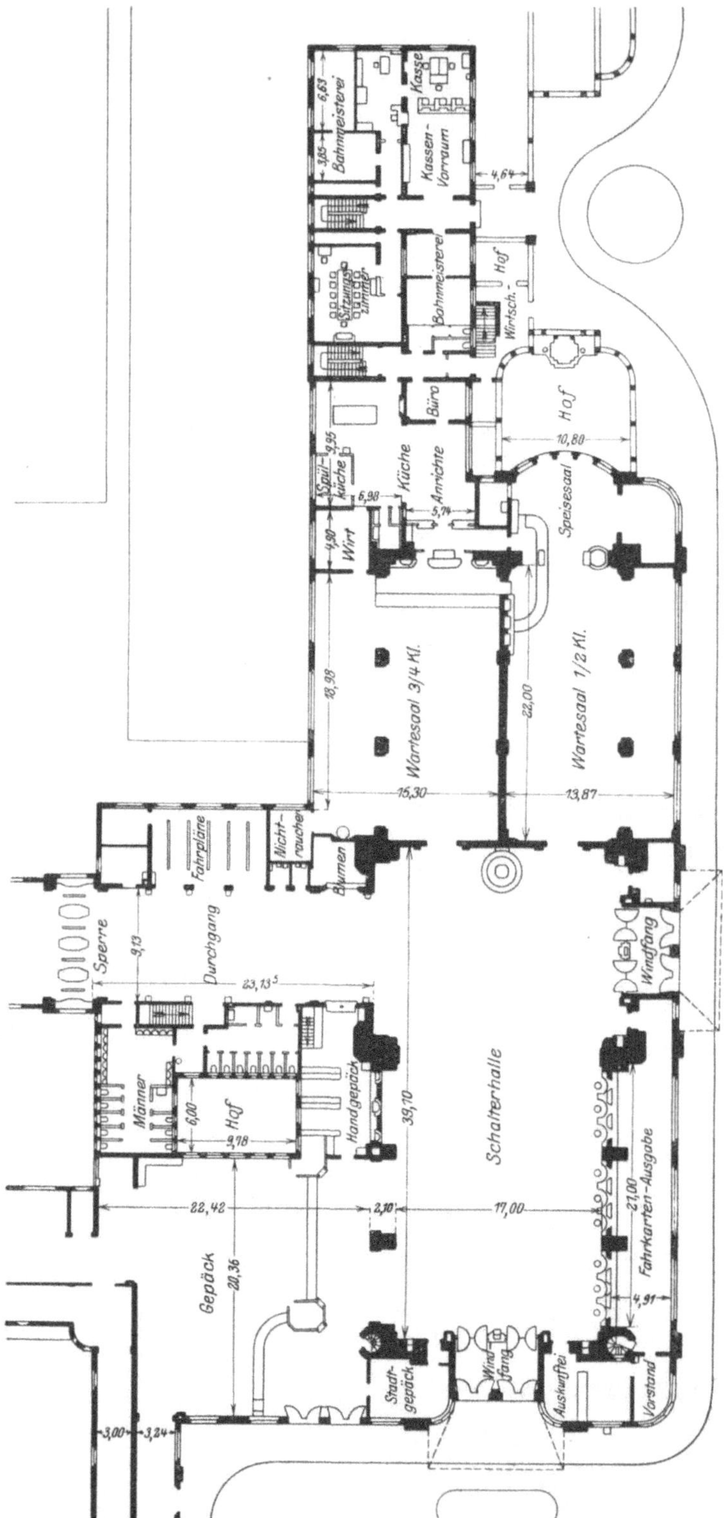


Abb. 38. Empfangsgebäude in Darmstadt.

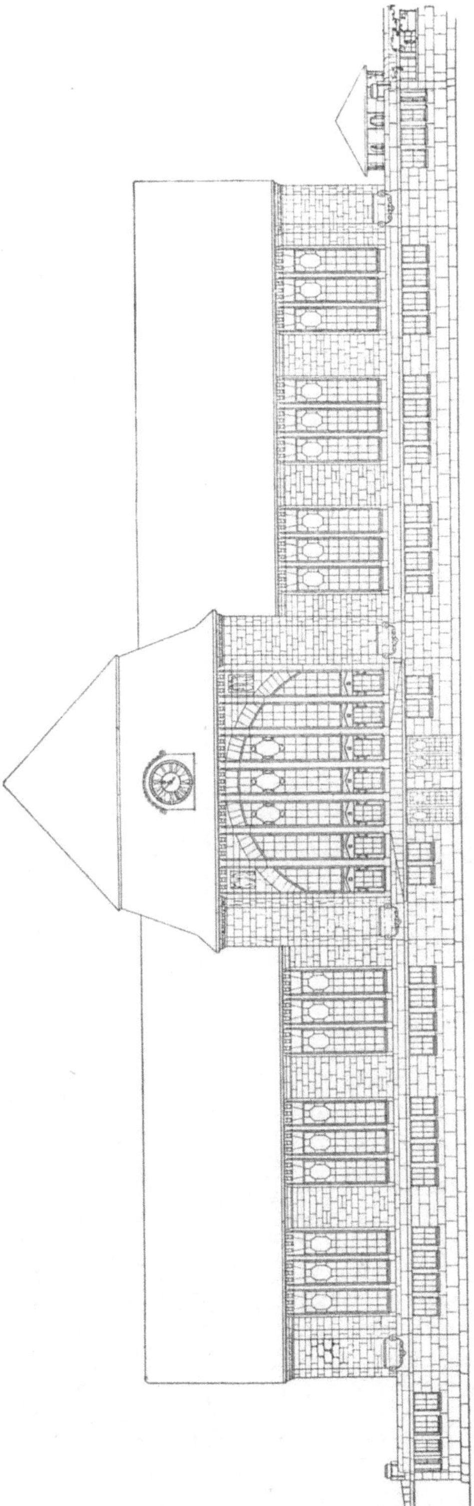

Abb. 39. Empfangsgebäude in Darmstadt.

Endlich sind noch Tafeln für Bekanntmachungen, Sonderzüge und dergleichen vorzusehen.

Eine Uhr, gleich gut bei Tageslicht und künstlicher Beleuchtung erkennbar, darf in den Schalterhallen ebenfalls nicht fehlen und wird am besten derart angebracht, daß sie sowohl von den Reisenden als auch von den Schalterbeamten gesehen werden kann, damit diese wissen, wann sie mit dem Fahrkartenverkauf für die einzelnen Züge aufhören müssen. Die Uhr wird häufig als Schmuckstück zur Hauptverzierung der Halle ausgebildet (Abb. 22).

Die Schalterhallen, fast nur von Leuten in mehr oder minderer Hast benutzt, sollen einen Fußboden erhalten, der nicht leicht glatt wird; als solcher hat sich Asphaltbelag und neuerdings Belag aus künstlichen Granitoidplatten am besten bewährt. Da die Reisenden in der Regel nur kurze Zeit in den Schalterhallen verweilen und sich dort im Straßenanzug befinden, kann von der Heizung der Hallen im allgemeinen abgesehen werden, dagegen sind Windfänge an den Außentüren häufig nicht zu vermeiden, um die Zugluft abzuhalten; zwecklos ist es aber, diese Windfänge zu heizen, wie dies bei Kirchen vielfach geschieht. Vor den Eingängen sind dagegen Unterfahrten oder Schutzdächer anzubringen, die die Reisenden beim Aussteigen aus den Fuhrwerken gegen Unwetter schützen. Die Türen in den Windfängen, als Pendeltüren ausgebildet, sollen reichlichen Durchgangsraum (1,00—1,20 m) bieten und nicht als Doppelpendeltüren ausgebildet werden, bei denen durch das Zurückschlagen der Flügel Reisende leicht gequetscht und verletzt werden; zwischen den einzelnen Flügeln müssen zu diesem Zwecke feste Zwischenteile von mindestens 30 cm, besser 50 cm Breite eingeschaltet werden.

Da die Schalterhallen meist auf allen Seiten zugebaut werden müssen, ist es häufig schwierig, sie gut zu beleuchten, was unbedingtes Er-

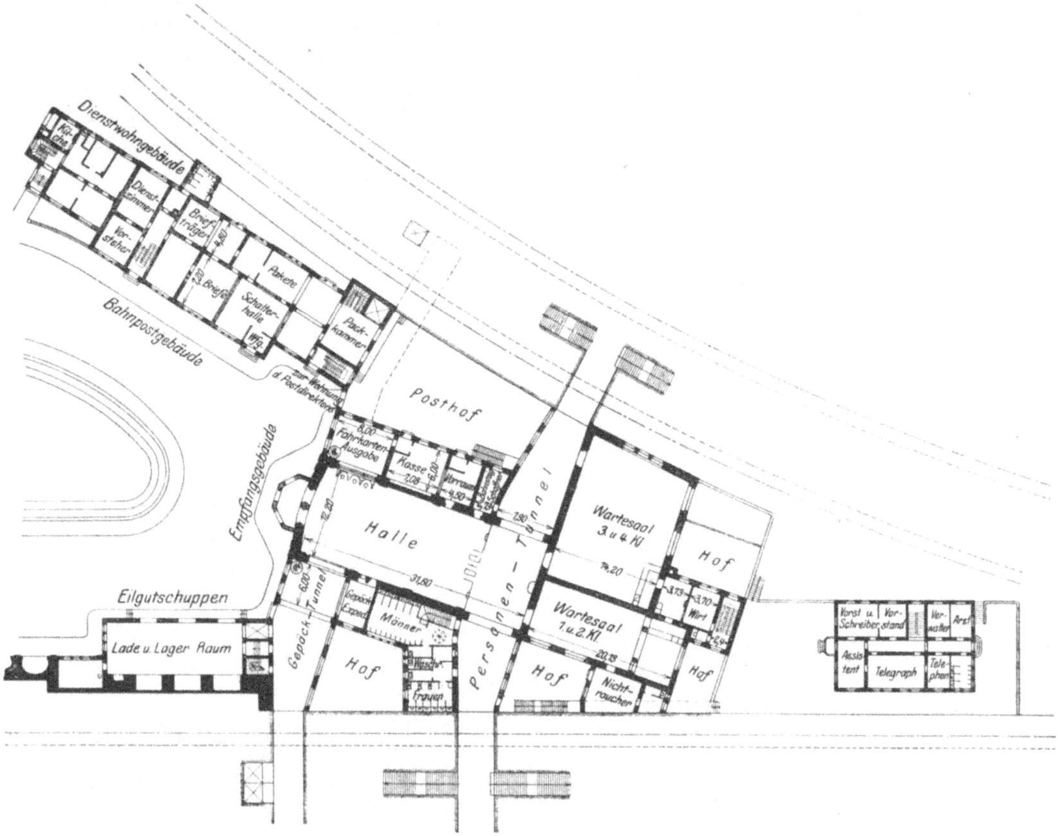


Abb. 40. Empfangsgebäude in Vohwinkel.

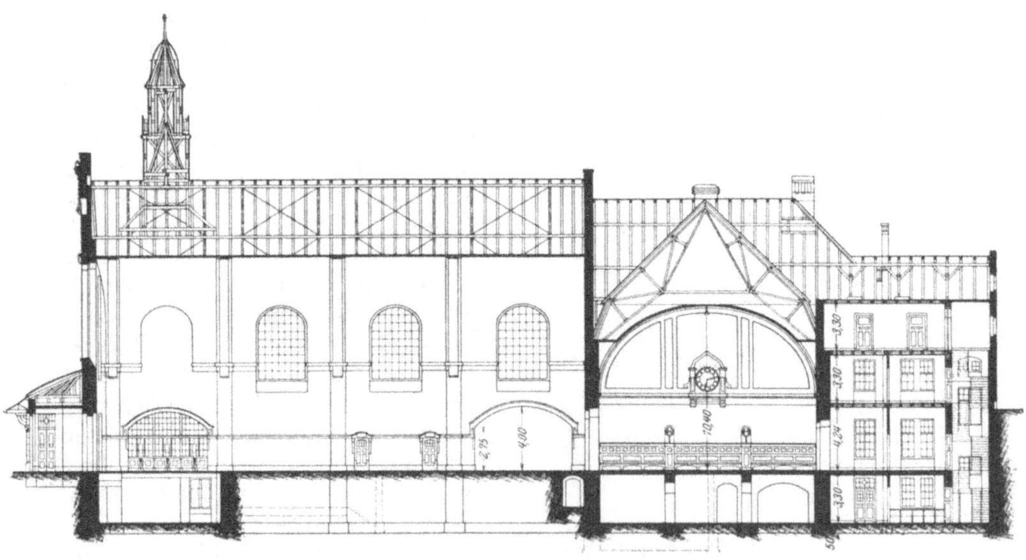

Abb. 41. Empfangsgebäude in Vohwinkel.

fordernis ist; farbige Verglasung ist daher bei ihnen nur mit großer Vorsicht anzuordnen. Um recht viel Licht zu gewinnen, bildet man gern über den Eingängen der Schalterhallen recht große Fenster aus, die viel dazu beitragen, den Bau schon äußerlich als Empfangsgebäude zu kennzeichnen (Abb. 25, 42, 49, 52, 54). Oft reicht das durch diese großen Fenster fallende Licht aber doch nicht zur Beleuchtung aus; es wird dann seitliches Hochlicht vorgesehen werden müssen (Abb. 22).

Die Größe der Schalterhallen wird fast immer durch die Zahl der Schalter bedingt. Ihre Grundrißform ist häufig von der Örtlichkeit abhängig; am ge-

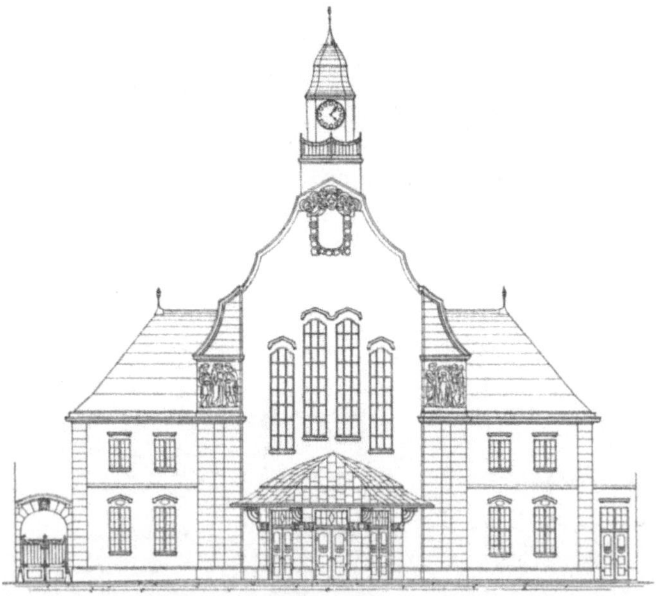

Abb. 42. Empfangsgebäude in Vohwinkel.

eignetsten hat sich eine langgestreckte Rechtecksform erwiesen, wogegen runde Formen das Zurechtfinden erheblich erschweren und daher nicht zu empfehlen sind.

In der Regel dient die Schalterhalle nicht nur für die abfahrenden Reisenden, sondern auch die ankommenden müssen sie durchschreiten, die Gefahr unbequemer Kreuzungen liegt daher nahe und ist durch richtige Anordnung der Schalter und Gepäckräume nach Möglichkeit einzuschränken. Bei der in Deutschland bestehenden Übung rechts zu gehen und auszuweichen, ergibt sich daher als Regel, daß die Schalter und Gepäckräume rechts anzuordnen sind, und zwar so, daß die Abfahrenden an ihnen ohne unnütze Wege auf dem Gang zum Bahnsteig vorüberschreiten.

Wenn möglich ordnet man für die ankommenden Reisenden einen besonderen seitlich zu den Halteplätzen für Fuhrwerke führenden Ausgang an, wodurch am besten Kreuzungen und Zusammenstöße an den Eingangstüren vermieden werden (Abb. 20, 38), oder man sieht für den Zu- und Abgang von den Bahnsteigen getrennte Wege vor, wodurch Verkehrskreuzungen am wirksamsten beseitigt werden. Diese besonderen Ausgänge erhalten dann ebenfalls bei größeren Anlagen Hallen, Windfänge und Vordächer.

**b) Fahrkarten-Verkaufstelle.** Die Anordnung der Schalter an der rechten Seite der zum Bahnsteig Schreitenden bedingt aber nicht, daß sie auch auf der rechten Seite der Schalterhalle liegen müssen, was bei kleinen Anlagen aller-

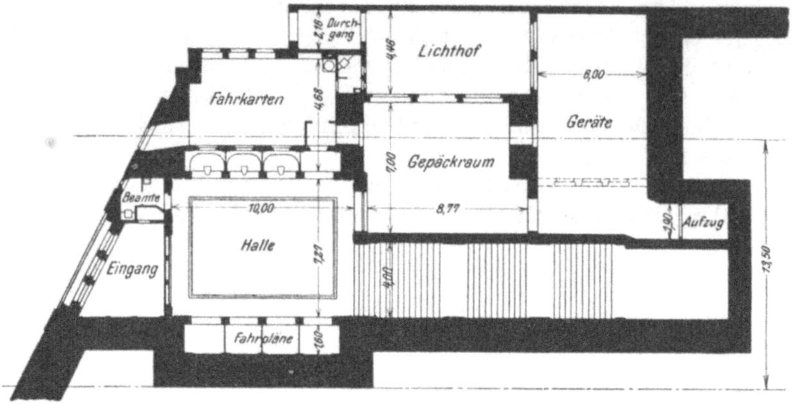


Abb. 43. Abfertigungsräume in Nowawes. (Unterer Grundriß.)

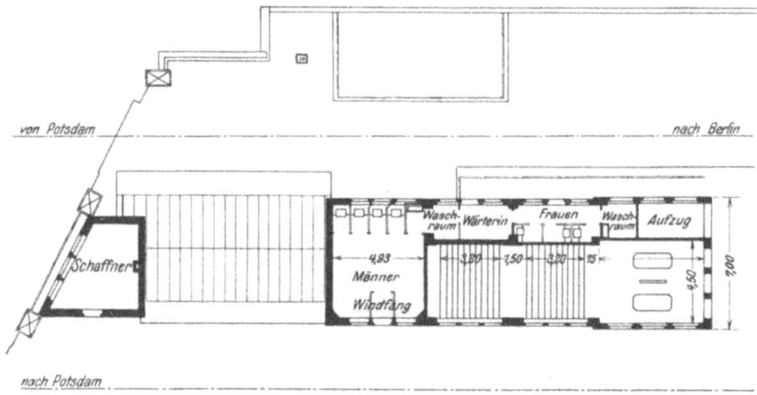


Abb. 44. Abfertigungsräume in Nowawes. (Oberer Grundriß.)

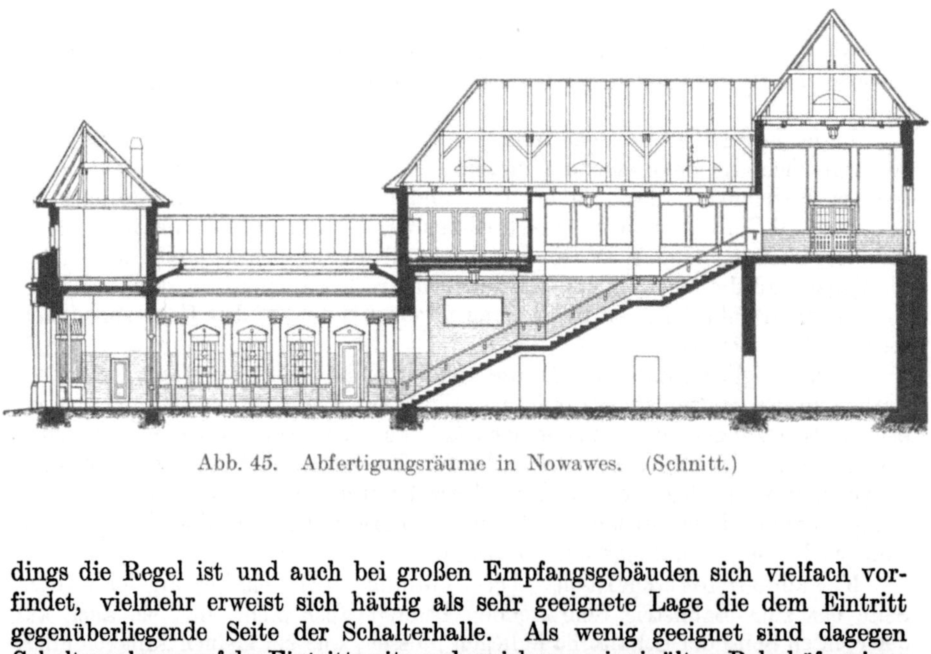

Abb. 45. Abfertigungsräume in Nowawes. (Schnitt.)

dings die Regel ist und auch bei großen Empfangsgebäuden sich vielfach vorfindet, vielmehr erweist sich häufig als sehr geeignete Lage die dem Eintritt gegenüberliegende Seite der Schalterhalle. Als wenig geeignet sind dagegen Schalteranlagen auf der Eintrittsseite zu bezeichnen, wie sie ältere Bahnhöfe zeigen

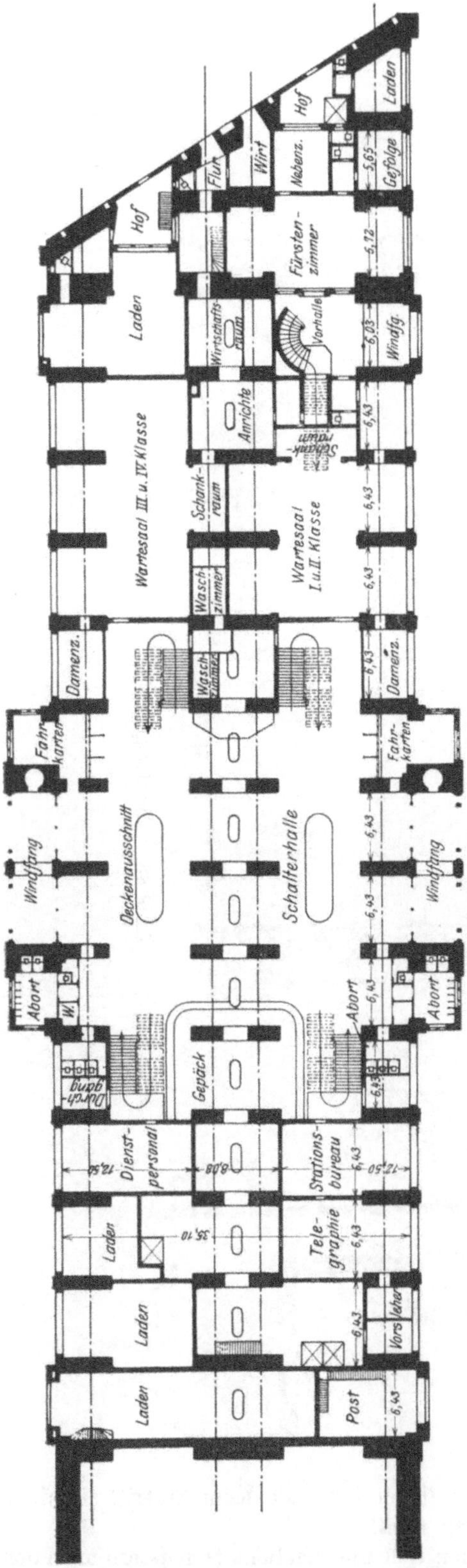


Abb. 46. Empfangsgebäude des Dammtorbahnhofes in Hamburg.

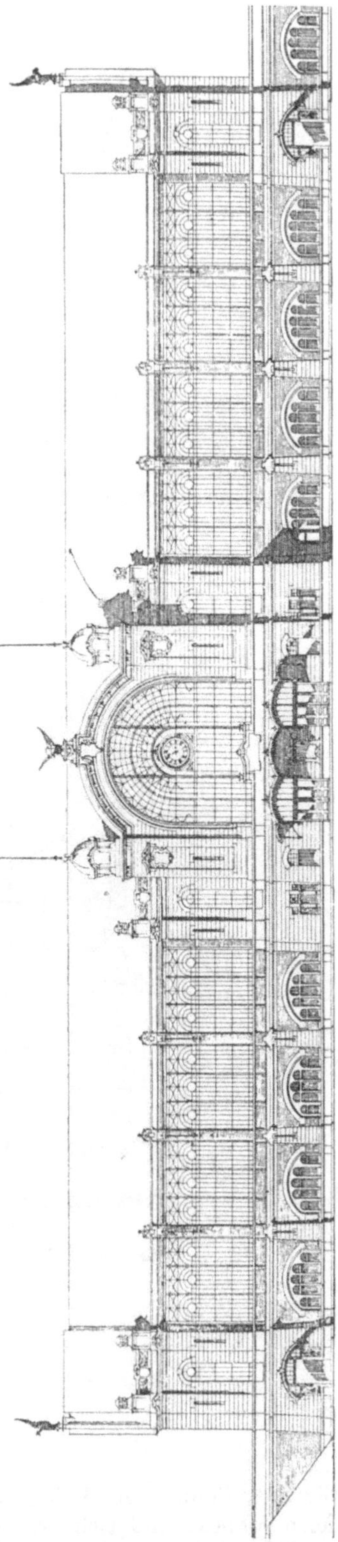

Abb. 47. Empfangsgebäude des Dammtorbahnhofes in Hamburg.

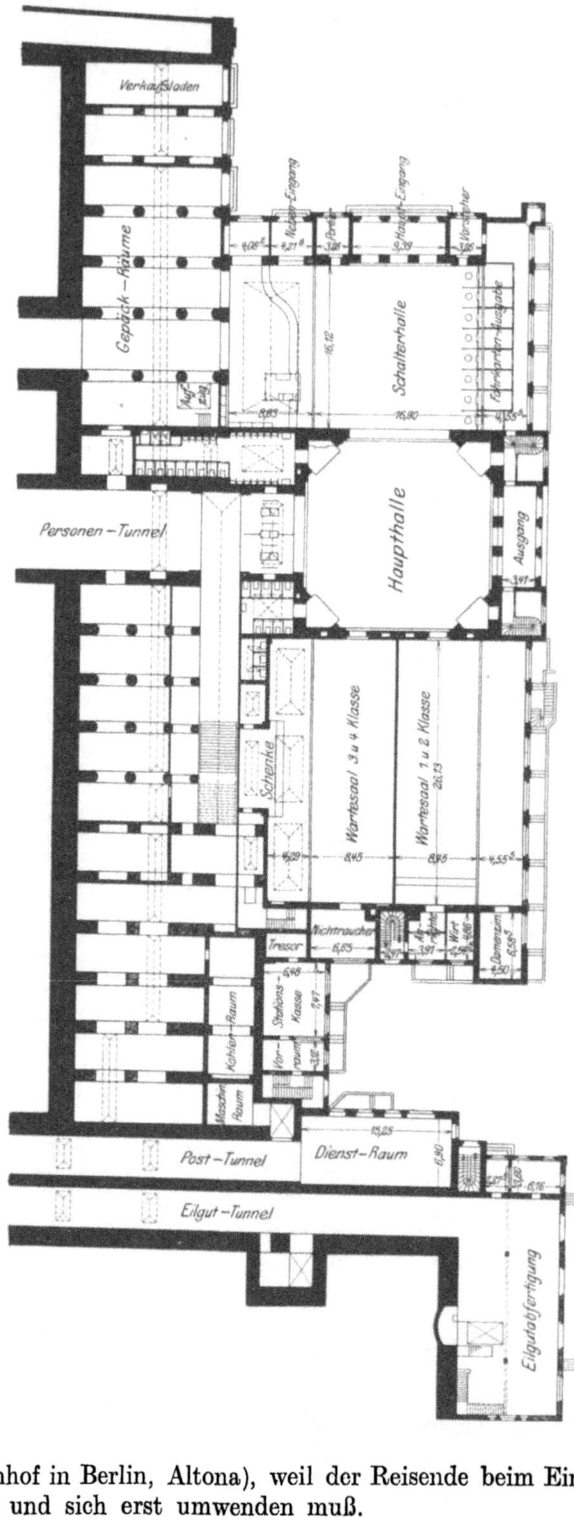


Abb. 48. Empfangsgebäude in Essen.

(Stettiner Bahnhof in Berlin, Altona), weil der Reisende beim Eintritt sie nicht gleich erblickt und sich erst umwenden muß.

Die Fahrkarten-Verkaufstellen öffnen sich mit den Schalterfenstern nach der Halle. In 75—90 cm Höhe über Fußboden erhalten sie ein Zahlbrett, das an der

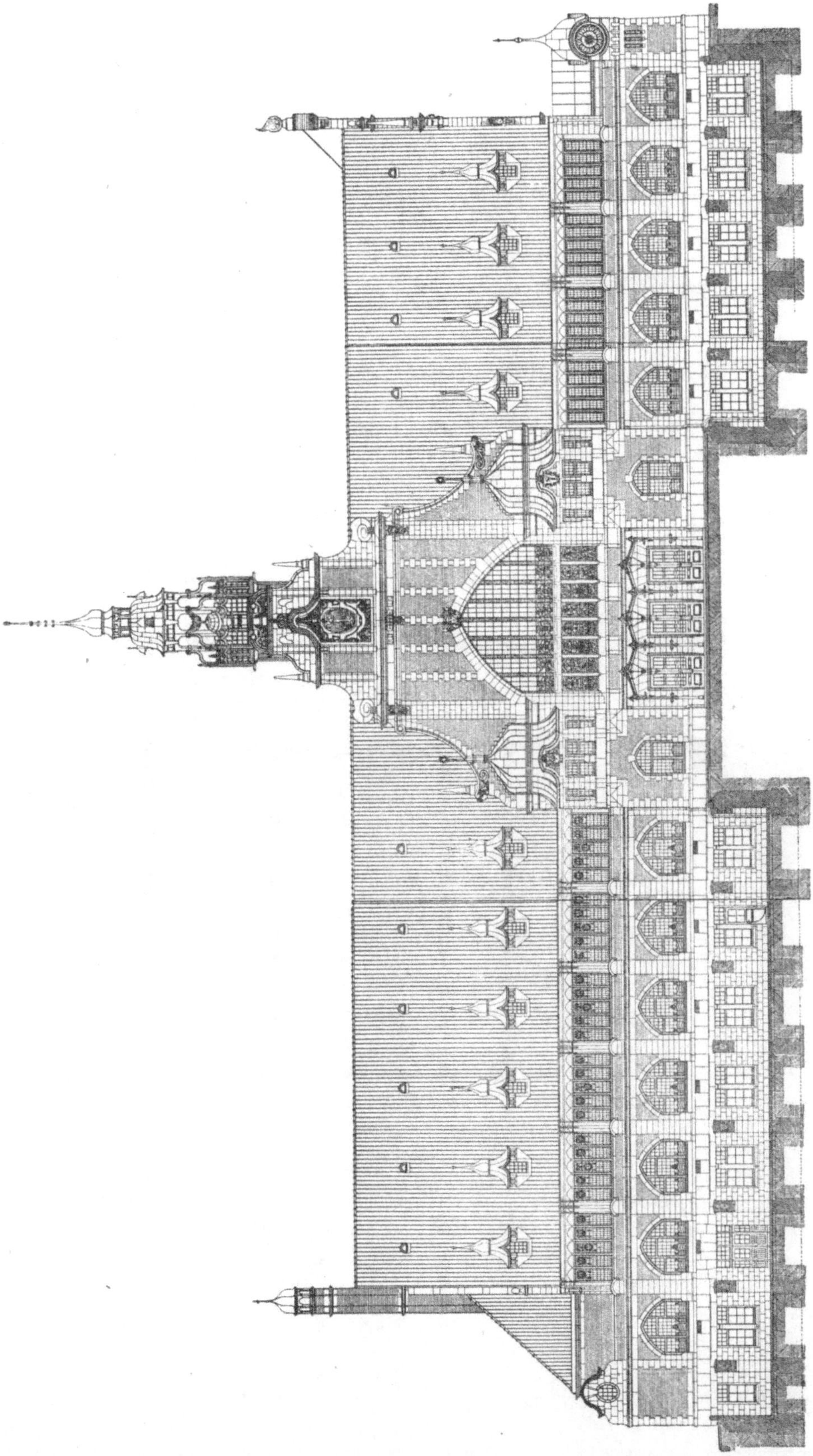

Abb. 49. Empfangsgebäude in Essen. Ansicht.

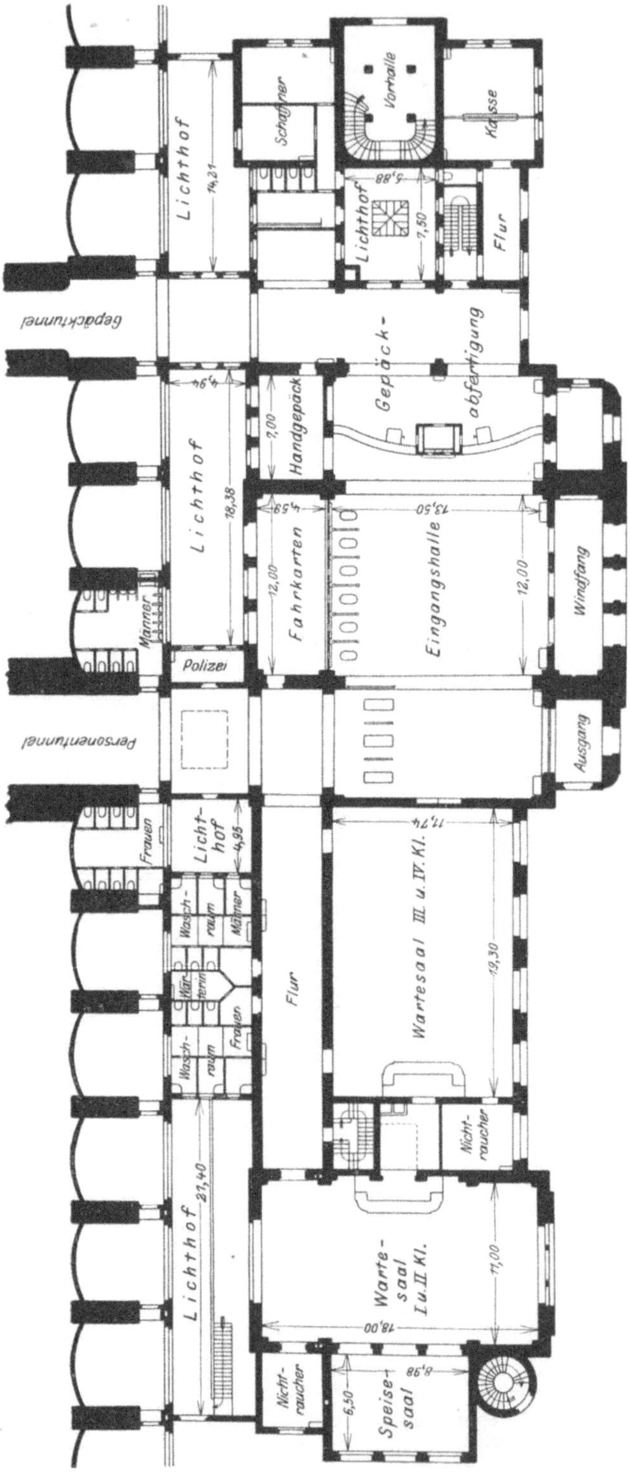


Abb. 50. Empfangsgebäude in Coblenz.

Hallenseite ausgerundet bis auf 1,20 m vorgezogen wird und so im Verein mit einem vor der Mitte des Schalters aufzustellenden Tisch, dem Drängeltisch, die Reisenden nötigt, nacheinander an den Schalter heranzutreten, und verhindert, daß Schwächliche, Frauen oder Kinder bei Seite und zurück gedrängt werden. Der Abstand zwischen der mit dem Zahlbrett in gleicher Höhe liegenden Tischplatte beträgt zu diesem Zweck nur 65 cm. Drängeltisch und Zahlbrett müssen sehr gut befestigt werden und werden zweckmäßig in hartem Holz ausgeführt. Um Streitigkeiten der Reisenden zu vermeiden, ist durch Aufschriften festzulegen, von welcher Seite an die Schalter herangetreten werden soll. Üblich ist, wie an den Postschaltern, von rechts herantreten zu lassen. Der Abstand der Schaltermitten voneinander ist 2,00 m; bei nur für wenige Richtungen aufliegenden Fahrkarten, wie bei Stadt- und Vorortbahnschaltern, und bei Verwendung von Fahrkartendruckmaschinen kann dieser Abstand auf 1,75 m und nötigenfalls sogar auf 1,60 m eingeschränkt werden.

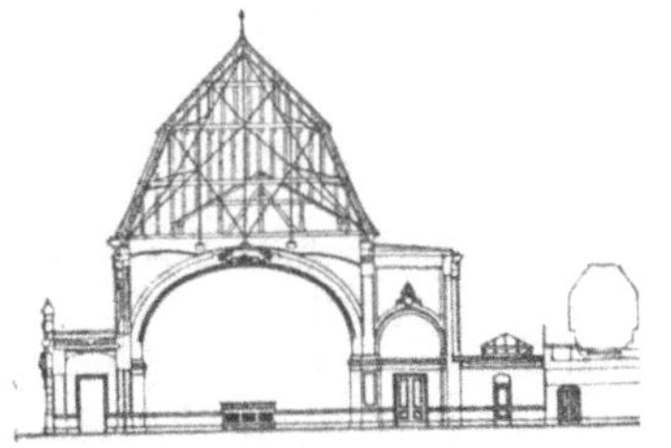

Abb. 51.
Empfangsgebäude in Coblenz.

Ist mit der Fahrkartenverkaufstelle die Güterabfertigungstelle verbunden, so ordnet man für diese zweckmäßig einen besonderen Schalter an, weil die

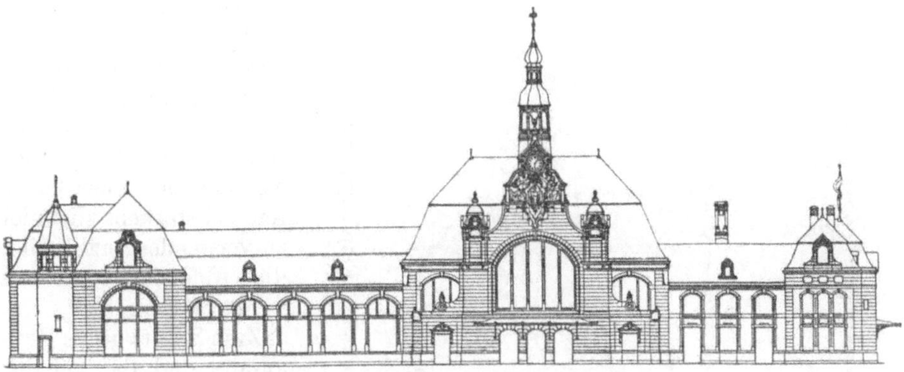

Abb. 52. Empfangsgebäude in Coblenz.

Erledigung der Frachtbriefe meist längere Zeit erfordert und eilige Reisende dadurch behindert würden. Im übrigen richtet sich die Zahl der Schalter nach der Zahl der zu verkaufenden Fahrkarten, nach der Art der in ihnen aufliegenden Fahrkarten — z. B. ordnet man gelegentlich besondere Schalter für Auslandsverkehr, Militärfahrkarten, Monatskarten usw. an — und nach der Art der Besetzung der Schalter, d. h. ob an demselben Schalter ununterbrochen verkauft wird oder nicht; der ununterbrochene Verkauf ist bei Verwendung von Druckapparaten ohne weiteres möglich, bei Verkauf von fertig gedruckten Fahrkarten aus Schränken erfordert er besondere — meist drehbare — Schränke, so daß der einzelne Beamte die ihm übergebenen Karten unter Verschluß halten kann. Im allgemeinen kann man rechnen, daß an einem Schalter ohne Doppelbesetzung täglich 800, im Stadtverkehr bis zu 2000 Fahrkarten verkauft werden können. Eine Verminderung der Schalter wird durch die Aufstellung selbsttätiger Fahrkartenverkaufständer erzielt; wobei aber zu beachten ist, daß diese Einrichtungen leicht, z. B. bei starken Wärmeschwankungen, Störungen ausgesetzt sind.

Die Schalterfenster sind so auszubilden, daß der Verkäufer das Zahlbrett gut übersehen und mit den Reisenden sich leicht verständigen kann, ohne durch

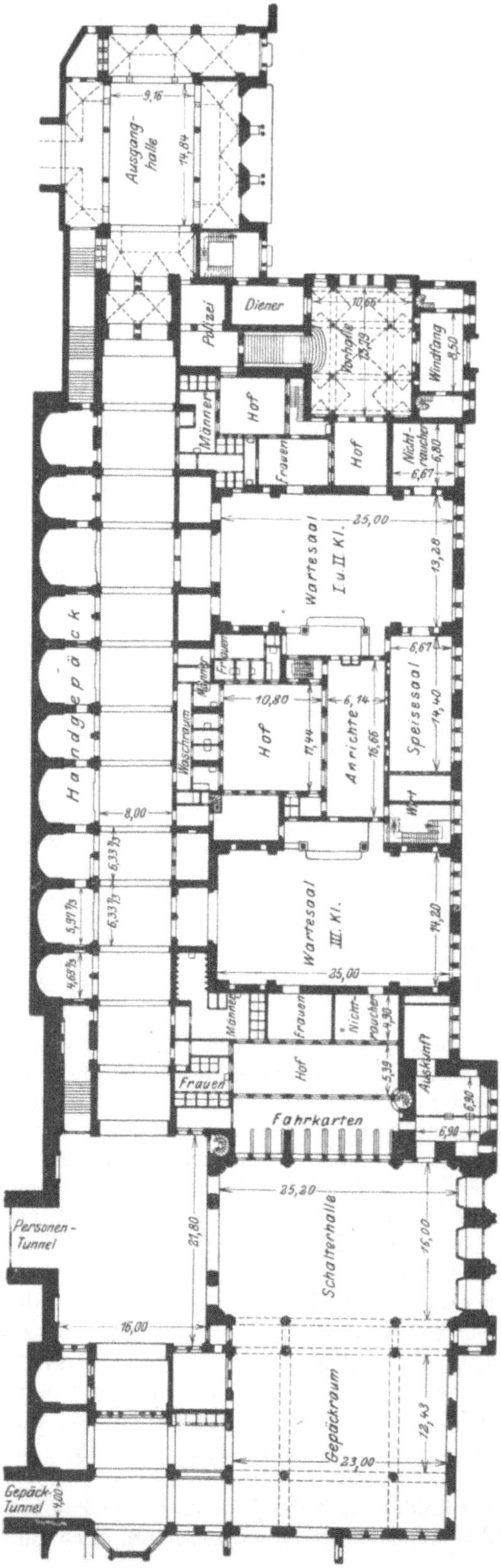


Abb. 53. Empfangsgebäude in Metz.

Zugwind belästigt zu werden. Zur Übersicht des Zahlbrettes genügt es, wenn der mittlere Teil des Schalterfensters in etwa 50 cm Breite bis auf 1,60 m Höhe durchsichtig verglast wird, die übrigen Fensterteile werden undurchsichtig verglast. Zur Verständigung mit den Reisenden wird entweder eine kleine Scheibe zum Öffnen eingerichtet, oder man setzt besser eine Sprechmembrane in mittlerer Mundhöhe, etwa 1,40 bis 1,50 m, ein. Zum Abhalten der Zugluft wird die Öffnung für die Fahrkartenausgabe und Geldwechslung möglichst klein gehalten, etwa 15 cm hoch und 20 cm breit, und mit einem Schieber versehen. Man hat auch Drehteller zu diesem Zwecke verwandt, die für geringen Verkehr sich auch bewähren, bei starkem aber nicht zu verwenden sind, weil sie die Abfertigung zu sehr verlangsamen.

Zum Schutz gegen Raubanfälle sind die Schalterfenster innen oder außen zu vergittern. Das Zahlbrett erhält auf seiner inneren Seite zwei Schubkästen, von etwa 30 cm Tiefe, zur Aufbewahrung der Geldschwingen und der Stempel; in der Mitte soll es nicht breiter als 60 cm sein, damit der Beamte nicht zu weit beim Einziehen des Geldes hindurchzulangen braucht. Um das Geld leichter ergreifen zu können, werden die Zahlbretter an der Zahlstelle genarbt oder mit Gummiplatten ausgerüstet, doch haben sich bei sehr starkem Verkehr auch diese

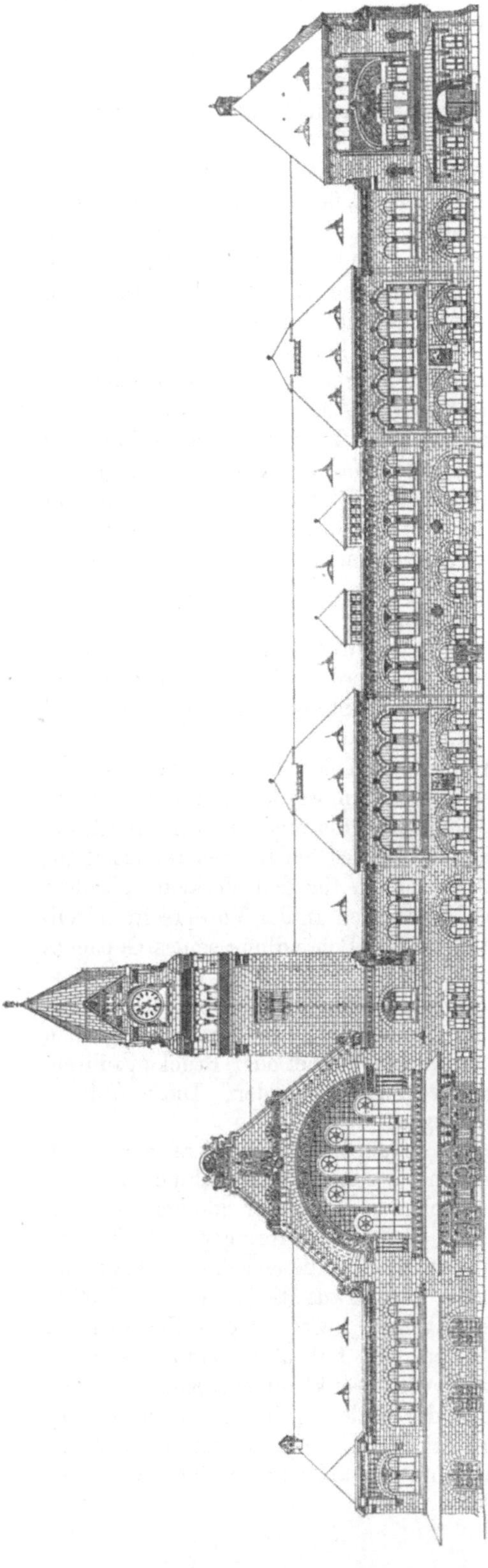

Abb. 54. Empfangsgebäude in Metz.

Einrichtungen vielfach als hinderlich beim zur Seite schieben des Geldes erwiesen. Vermieden müssen an dieser Stelle jedenfalls Einschnitte und Leisten für Schieberführungen werden, die das Einstreichen des Geldes noch mehr behindern würden.

Die Fahrkartenverkaufsräume erhalten etwa 4,5 m Tiefe. Sie müssen durch Tageslicht gut erleuchtet sein, namentlich an den Schalterfenstern, zu welchem Zwecke gelegentlich Deckenlicht zu Hilfe genommen wird. (Abb. 23). Zur künstlichen Beleuchtung ist außer der allgemeinen Raumbeleuchtung an jedem Schalterfenster innen und außen je eine Lampe anzuordnen. Innerhalb des Fahrkartenverkaufsraumes scheidet man die einzelnen Stände durch engmaschiges 2,50 m hohes Drahtnetz in Eisengerippen. Daneben ordnet man bei größeren Anlagen einen Raum an, in dem die Verkäufer ihre Abrechnungen aufstellen, und wo die Vorräte an Karten unter sicherem Verschluß aufbewahrt werden können, außerdem einen etwa 20 qm großen Raum für den Vorsteher der Fahrkartenverkaufstelle. Auch eine Abortanlage für die Verkäufer und ein Schlafraum für die Zeit zwischen Abend- und Morgenverkauf ist häufig erwünscht. Zum Schutz gegen Einbruch, um schnell Hilfe herbeizurufen, ist eine Klingelanlage zu einem ständig besetzten Raum, etwa zu dem der Gepäckträger, vorzusehen.

**c) Gepäck - Abfertigungsstelle.** Bei kleinen Anlagen wird von dem Fahrkartenverkäufer auch die Gepäckabfertigung erledigt. Die beiden Räume sind daher unmittelbar nebeneinander anzuordnen. Der Raum erhält dann nur ein Annahmefenster, von 1,50 m Breite und Höhe, dessen Flügel nach oben oder zur Seite geschoben werden. Der 60—80 cm breite Annahmetisch wird niedrig, etwa 30 cm hoch gehalten, um Fahrräder leicht hineinnehmen und um bequem über ihn hinwegsteigen zu können. Der Gepäckraum ist stets so anzuordnen, daß die Gepäckstücke zu den Bahnsteigen und Zügen geschafft werden können, ohne die Bahnsteigsperre zu berühren und ohne erhebliche Störung für die Reisenden.

Bei größeren Anlagen wird der Gepäckraum nach der Halle zu geöffnet; als Abschluß dient nur der Gepäcktisch, 45 cm hoch, 60—80 cm breit, bestehend aus vorn mit Brettafeln verkleideten Böcken aus Kreuzholz mit einer 4 cm starken Bohlenplatte, deren obere Fläche mit 1 mm starkem Eisenblech bekleidet ist. Das Blech wird über die vorstehenden Kanten hinübergebogen und an den Unterseiten angeschraubt. Kantenschienen sind nicht zu empfehlen, weil sie leicht beim Aufwerfen der Gepäckstücke hebelartig wirken und das Abbrechen der Kanten befördern. Zum Durchfahren schwerer Gepäckstücke wird in dem Gepäcktisch eine Klappe vorgesehen. Auch sind die Gepäcktische gelegentlich in Eisen, Beton oder Mauerwerk z. T. mit Fliesenverkleidung ausgeführt worden; besondere Vorteile sind damit nicht verbunden. Bei großen Anlagen wird die Gepäckannahmestelle von der Ausgabestelle getrennt. Während erstere an der Schalterhalle ihren Platz findet, erhält diese ihren Platz neben dem Ausgang. Zweckmäßig sieht man in den Gepäckräumen Türen vor, die unmittelbar ins Freie führen, um Gepäckstücke gleich von der Straße zur Wage oder umgekehrt zu den Fuhrwerken bringen zu können. Die Gepäckausgabestellen erhalten möglichst viel Ausgangstüren. Als ungefährer Anhalt für die Größenbemessung der Gepäckräume kann angenommen werden, daß auf 1 qm täglich 5 Stück behandelt und an 1 m Gepäcktisch täglich 50 Stück Gepäck an- und ausgeliefert werden können.

Als Fußboden für die Gepäckräume wird zweckmäßig Asphaltbelag gewählt. Zum Schutz der Gepäckabfertigungsbeamten werden kleine Häuschen, meist aus Holz, etwa 2,00 · 2,50 m groß, eingebaut, die mit dem vorderen Rand der Annahmetische abschneiden und hier ein kleines Schalterfenster erhalten; ein weiteres Schalterfenster ist seitlich einzubauen für den Verkehr mit dem an der Wage tätigen Beamten. Die Häuschen werden an der Vorderseite durchsichtig verglast, damit der Reisende den Gang der Behandlung seines Gepäckes verfolgen kann und nicht unruhig wird.

Wie oben erwähnt, soll die Beförderung des Gepäcks zu den Zügen ohne Belästigung der Reisenden erfolgen. Zu diesem Zweck ordnet man bei großen Anlagen besondere Gepäckbahnsteige an, zu denen Tunnel oder Brücken führen, die durch Aufzüge mit den Bahnsteigen verbunden werden. Diese Aufzugschächte sind etwa 2,0 · 2,80 m groß anzulegen.

Bei größeren Anlagen sind außer den eigentlichen Gepäckräumen auch Handgepäckaufbewahrungsstellen vorzusehen. Sie erhalten Annahme- und, bei Bedarf, auch Ausgabeschalter, die entsprechend denen der kleinen Gepäckräume ausgebildet werden. Im Innern sind Gestelle anzubringen mit Fächern zum übersichtlichen Stapeln der aufbewahrten Stücke, die einzelnen Fächer sind 50 cm hoch, das oberste in 1,50 m Höhe. Sie werden aus Riegeln in etwa 2,00 m Abstand mit Bretterböden gebildet. Der Abstand zwischen den Gestellen ist 1,30 m groß zu machen. Zum Verwahren der Fahrräder sind besondere Gestelle zweckmäßig, in denen die Räder verschränkt hineingestellt werden (Abb. 55). Bei dieser Aufstellung können die Räder in 30 cm (sonst 60 cm) Abstand untergebracht werden; an Tiefe erfordern die Rädergestelle 2,00 m; vor ihnen ist ein 1,50 m breiter Gang zum Herausnehmen der Räder erforderlich.

## 4. Diensträume.

**a) Zugabfertigung.** An die Fahrkartenverkaufs- und die Gepäckabfertigungsstelle schließen sich die übrigen Diensträume an. In erster Linie der Raum für die Zugabfertigung, falls diese nicht von besonderer Stelle auf dem Bahnsteige selbst erfolgt. Für die Zugabfertigung ist die Aufstellung der Stellwerksbank im Raum notwendig. Sie erhält ihren Platz etwa in der Flucht der Bahnsteigwand. Der Beamte steht davor und vor ihm an der Wand nach der Gleisseite werden die Morsetische aufgestellt; es ergibt sich daraus, daß der

Abb. 55. Fahrradaufbewahrungsstelle.

Abfertigungsraum etwa 2,50 m vorspringt; dem Beamten wird dadurch eine gute Übersicht über die Gleise geschaffen. Zu jeder Seite der Stellwerksbank ist ein Durchgang von etwa 1,00 m Breite vorzusehen (Abb. 56).

Wird die Anlage größer, so ist ein weiterer Raum für den Stationsvorsteher, etwa 20 qm groß, vorzusehen, in dem er seine schriftlichen Arbeiten erledigen, Prüfungen, Vernehmungen u. dergl. abhalten kann. Daran schließen sich unter Umständen weitere Räume, für den diensthabenden Stationsbeamten, für den Telegraphendienst, für Reservepersonal, für die Fundsachenverwahrungsstelle, für eine Auskunftsstelle und, fast regelmäßig, für die Stationskasse.

Als Raum für den diensthabenden Stationsbeamten genügen 15 qm Fläche; meist kann in ihm der Schrank für Fundsachen aufgestellt und Auskunft gegeben werden; er soll dann eine solche Lage haben, daß ihn die Reisenden leicht erreichen können, wenn möglich, ohne die Sperre durchschreiten zu müssen, was sich aber nur selten wird erzielen lassen. Das Telegraphenzimmer, dessen Größe unter Umständen sehr erheblich ist, doch werden 40 qm fast immer genügen, soll ebenfalls eine auch den Reisenden zugängliche Lage erhalten, damit diese Drahtnachrichten dort aufgeben können. Zu diesem Zwecke wird eine

Annahmeschranke eingebaut. In einzelnen Fällen kann diese Depeschenannahme auch getrennt von dem Telegraphenraum angelegt werden; sie wird dann mit diesem durch eine Rohrpostanlage verbunden. Inwieweit und in welchem Umfange Räume für Reservepersonal vorgesehen werden müssen, ist ganz verschieden. Man sieht dann meist einen mit Pritschen auszustattenden Ruheraum und einen Leseraum vor, an die sich ein kleiner Koch- und Spülraum anschließen.

**b) Stationskasse.** Die Stationskasse ist im Empfangsgebäude unterzubringen, wenn sie nicht mit einer Güterkasse vereinigt werden kann, wo sie dann in der Güterabfertigung ihren Platz findet.

Die Stationskasse erhält nach Art der Bankgeschäfte einen Zahltisch, so daß der Beamte nicht von den Zahlungsempfängern belästigt wird. Sie ist so anzuordnen, daß sie ohne Durchschreiten der Sperre, besser noch ohne Betreten der Schalterhalle erreicht werden kann, erhält also am besten einen besonderen, durch einen Windfang zu schützenden Eingang von außen.

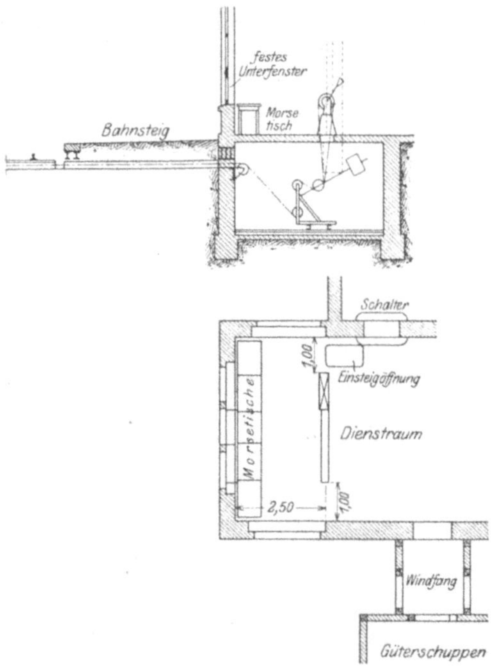


Abb. 56. Stellwerksvorbau.

Sämtliche Diensträume sollen reichliches Tageslicht erhalten; als Fußbodenbelag dient am besten Linoleum. Ihre Höhe soll nicht zu groß sein; 3,50 m genügen völlig, bei kleinen Anlagen 3,00 m.

## 5. Warteräume.

**a) Wartesäle.** Wie eingangs ausgeführt, erhalten die Diensträume in der Regel ihren Platz rechts von der Schalterhalle, auf deren anderer Seite dann die Warteräume angeordnet werden. Die Art der Gliederung der Wartesäle und ihre Größenbemessung wird wesentlich beeinflußt von der Gegend, in der das Empfangsgebäude errichtet werden soll. Wird man z. B. bei Fabrikstädten mit starkem Arbeiterverkehr große Wartesäle 3. und 4. Klasse oder besondere Säle für die Reisenden 4. Klasse und verhältnismäßig kleine Wartesäle 1. und 2. Klasse einrichten müssen, so wird man umgekehrt z. B. bei Bahnhöfen, die hauptsächlich dem Badeverkehr dienen, auf reichliche Abmessungen der Wartesäle 1. und 2. Klasse bedacht zu nehmen haben. Bei größeren Anlagen sind außerdem Warteräume für Frauen, oft ohne besonderen Abschluß, für Nichtraucher, für Reisende 1. Klasse, sowie auch besondere Speiseräume (Abb. 15, 20) vorzusehen. Auch die Lage der Warteräume innerhalb oder außerhalb der Bahnsteigsperre ist, abgesehen von der geldlichen Seite der Frage, die sich in der Höhe der vom Pächter zu erzielenden Pachtsumme äußert, von großer Bedeutung für ihre Größenabmessung. Denn vielfach, namentlich bei kleinen Anlagen, dienen außerhalb der Sperre liegende Wartesäle nicht nur für den Verkehr der Reisenden, sondern sie bilden auch beliebte Wirtschaftsräume für die einheimische Bevölkerung und sind dann naturgemäß größer anzulegen.

Die Ausstattung der Warteräume ist ebenfalls von der Örtlichkeit sehr abhängig, sie soll stets gediegen, aber nicht prunkvoll sein; zweckmäßig ist, namentlich in Warteräumen 4. Klasse, die Bekleidung der Wände mit hellfarbigen Fliesen, die leicht sauber gehalten werden können. Helle Beleuchtung ist für die Wartesäle unbedingt erforderlich. Als Fußbodenbelag wird am besten Stabfußboden aus Hartholz gewählt. Bei der Einrichtung der Räume ist auf reichliche Anbringung von Kleiderhaken Bedacht zu nehmen.

Die Warteräume sollen so liegen, daß der Reisende möglichst beim Betreten der Schalterhalle schon ihre Eingangstüren erblickt oder wenigstens die zu ihnen führenden Flure. Am günstigsten ist daher eine Lage derart, daß sie mit ihren Längsseiten zusammengelegt werden (Abb. 38, 48); doch ist dies nur möglich, wenn die Schalterhalle genügend tief ist. Ist das nicht der Fall, so muß der Zugang vom Flur aus erfolgen (Abb. 50, 53). Dieser Flur wurde früher auf die Straßenseite des Gebäudes verlegt; das hat den Nachteil, daß die Reisenden später zum Bahnsteig größere Wege haben, teilweise auch nach Lösung der Fahrkarten wieder zurück gehen müssen und daß der eine Wartesaal nur von der Bahnseite her beleuchtet werden kann, wo der Lichteinfall durch Bahnsteigüberdachungen, Futtermauern usw. stark beeinträchtigt wird. Bei neuen Anlagen legt man daher den Flur an die Bahnseite, und zwar baut man meist, um die Ganglänge möglichst zu verkürzen, neben der Schalterhalle den kleineren Wartesaal an.

**b) Wirtschaftsbetrieb.** Zur Erleichterung des Wirtschaftsbetriebes legt man die Schankräume so, daß er von einer Stelle aus überwacht werden kann (Abb. 15, 20, 50). Bei kleinen Verhältnissen genügt für beide Warteräume ein Schankraum, dessen Öffnungen dann aber möglichst so zu legen sind, daß man nicht von einem Wartesaal durch den Schankraum hindurch in den anderen hineinsehen kann. Der Schankraum erhält zum Abschluß nach jedem Raum einen Schanktisch, etwa 80 cm breit, 78 cm hoch, dessen Länge nicht zu knapp bemessen werden darf, da auf ihm nicht nur der Ausschank der Getränke stattfindet, sondern auch die Glasschränke für den Verkauf von Schokoladen, Butterbroten, Zigarren, Ansichtskarten usw. aufgestellt werden müssen, vielfach auch das Spülen der Gläser, das Bereiten warmer Würstchen usw. an ihm erfolgt. Längen von 8 m bei größeren Anlagen sind daher nichts Ungewöhnliches. Den Fußboden innerhalb des Schenktisches und in etwa 2,0 m Breite vor ihm belegt man mit Fliesen, damit abtropfendes Bier usw. ihn nicht zu leicht beschmutzt. Der Unterbau des Schenktisches wird zu Schränken ausgenutzt, der für die Zuleitungen des Bieres bestimmte Teil als Kühlraum ausgebildet; die Platte des Tisches erhält zweckmäßig Linoleumbelag mit metallener Kanteneinfassung, an den Zapf-, Spül- und Kochstellen durchgehenden Metallbelag. Für die Schnäpse wird eine vertiefte Wanne vorgesehen, die ebenfalls gekühlt werden kann. Für das Kochen des Kaffees und der Würste ist zweckmäßig Gasleitung, für die Gläserspülung Wasserleitung mit dauerndem Zufluß anzulegen. Der Abstand des Schanktisches von der Saalwand, die an dieser Stelle mit Schränken für Gläser, Weine usw. zu versehen ist, beträgt etwa 2,00 m. Ein ungehinderter Durchgang vom Schankraum nach dem Wartesaal ist durch eine Klappe im Schanktisch zu ermöglichen.

Am zweckmäßigsten werden neben den Schankräumen, die Küchenanlagen die häufig sehr umfangreich werden, untergebracht. Sie bestehen dann aus der Anrichte, einem Zimmer des Wirts, einem Abnahmeraum, der Kochküche, der Spülküche, einer Backküche, Speisekammer und Kühlräumen; Zahl und Abmessungen lassen sich im einzelnen nicht angeben, es sei in dieser Beziehung auf die gegebenen Beispiele von Empfangsgebäuden verwiesen. Häufig zwingt die gebotene Raumbeschränkung dazu, die Küchenanlage im Untergeschoß anzuordnen und sie durch Speisenaufzüge und Sprachrohr mit den oberen Räumen zu verbinden. Es entsteht dann die Frage, wie ihnen genügend Licht zugeführt werden kann. Das ist in neueren Anlagen mit ausgezeichnetem Erfolge dadurch erzielt worden, daß man Innenhöfe angeordnet hat, deren Fußboden auf die Höhe des Untergeschoßfußbodens hinabgesenkt worden ist (Abb. 22). Neben den Küchen- befinden sich dann die Vorratsräume, die Wein- und Bierkeller. Bei letzteren sei darauf hingewiesen, daß die Weißweinkeller nicht durch die Leitungen der Sammelheizung übermäßig erhitzt werden dürfen — sie sollen höchstens 8° erreichen, dürfen aber auch nicht wesentlich kälter sein — und daß die Bierkeller so liegen müssen, daß aus ihnen möglichst senkrecht, unter Vermeidung längerer wagerechter Strecken, das Bier zu den Zapfstellen an den Schänktischen geführt wird.

Unbedingtes Erfordernis bei der Anlage der Wirtschaftsräume ist, daß sie unmittelbar von außen zugänglich sind, und daß der mit dem Wirtschaftsbetrieb verbundene Lastfuhrwerkverkehr in keiner Weise zu Belästigungen für die Reisenden führt.

**c) Räume für Wirt und Bedienstete.** Nur bei ganz kleinen Anlagen sieht man davon ab, für den Wirt eine Wohnung und Räume für seine Angestellten vorzusehen. Als Wohnung genügen 3 bis 4 nicht zu kleine Räume; die Zahl der Gelasse für die Angestellten richtet sich nach der Größe des Wirtschaftsbetriebs. Es kann ein Raum für 1 bis 2 Angestellte genügen, es kann aber auch notwendig werden, Platz für 50,70 und mehr Angestellte zu schaffen, in erster Linie für die in der Küche, den Anrichte- und Schänkräumen beschäftigten männlichen und weiblichen Bediensteten, dann für die Hausdiener und auch für eine Anzahl Kellner. Eine zweite Küche ist für den Wirt nicht erforderlich, wohl aber besondere Aborte und Badeanlagen für ihn und seine Leute.

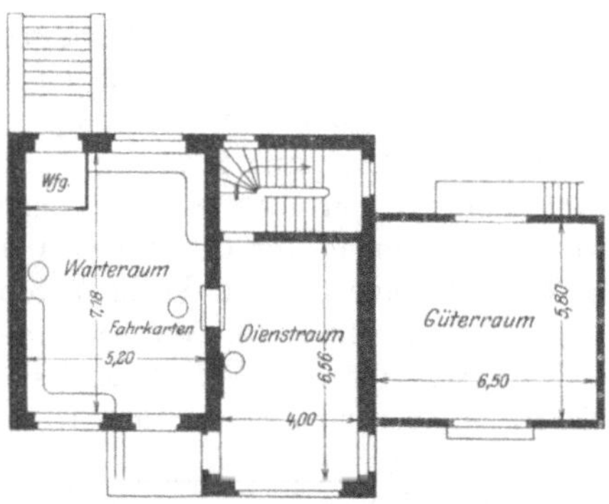


Abb. 57. Empfangsgebäude in Spay. (Unterer Grundriß.)

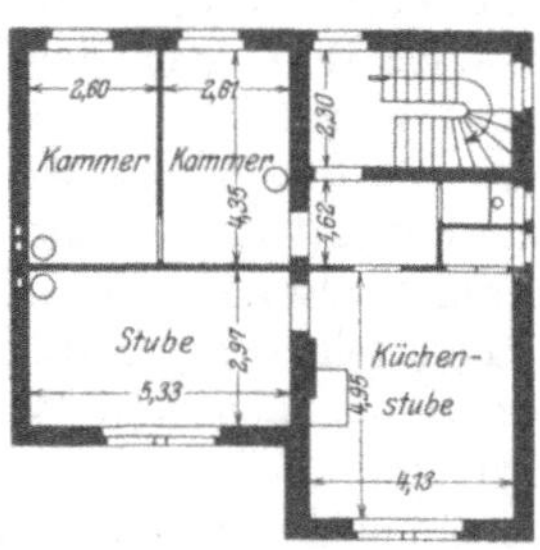


Abb. 58. Empfangsgebäude in Spay. (Oberer Grundriß.)

Abb. 59. Empfangsgebäude in Spay.

Diese Räume ordnet man meist oberhalb der Anrichte- und Warteräume in einem oder mehreren Geschossen an, stets aber so, daß sie durch eine nur für den Wirt bestimmte Treppe mit den Küchenanlagen verbunden sind und einen besonderen Zugang, der außerhalb der Sperre liegt, erhalten.

## 6. Dienstwohnungen.

An weiteren Wohnungen ist in den Empfangsgebäuden im allgemeinen eine Wohnung für den Vorsteher vorzusehen, je nach dem Umfang der Haltestelle für einen unteren oder mittleren Beamten, die im wesentlichen den späterhin zu behandelnden Dienstwohnungen (s. S. 109 u. ff.) in Abmessung und Ausstattung entsprechen. Bei größeren Bahnhöfen, wo es sich um Beamte in gehobener Stellung handelt, werden die Zahl der Zimmer und ihre Abmessungen meist etwas reichlicher bemessen. Ihren Platz finden die Wohnungen in der Regel oberhalb der Diensträume. (Abb. 58). An der Vorplatzseite legt man gern die Küche an, damit sie dem Einblick der vorüberfahrenden Reisenden entzogen ist, und weil sich hier meist die Spül- und Waschanlagen mit ihren Ableitungen leichter unterbringen lassen.

Außer der Wohnung für den Vorsteher ist häufig noch eine solche für einen weiteren Beamten, Pförtner, zweiten Vorsteher usw. zu schaffen; mehrt sich die Zahl der Wohnungen, so ist es meist zweckmäßiger sie gänzlich oder bis auf ein oder zwei Wohnungen aus den Empfangsgebäuden herauszunehmen und sie in Anbauten oder besonderen Dienstwohngebäuden unterzubringen.

Immer ist aber darauf zu sehen, daß ihre Bewohner, auch bei den im Empfangsgebäude liegenden Wohnungen, sie erreichen können, ohne die Sperre durchschreiten zu müssen.

## 7. Bahnsteigsperre.

Über die Bedeutung der Sperre für die Warteräume ist bereits gesprochen worden (vgl. S. 32). In der Regel sind die Sperrposten so anzuordnen, daß sie für sämtliche Bahnsteige an einer Stelle vereinigt werden (Abb. 28, 33, 38, 60). Ist zeitweise so starker Verkehr zu erwarten, daß der eine Posten voraussichtlich nicht genügt, so empfiehlt sich eine Anlage, bei der nach Bedarf für beide Bahnsteige entweder die eine oder die andere oder beide Sperrposten besetzt werden können. Bei Kopfbahnhöfen ordnet man die Sperre meist so an, daß innerhalb der Posten die Möglichkeit besteht, von einem Bahnsteig zum anderen ohne weiteres zu gelangen. Zweckmäßig ist es häufig, in der Achse jedes Bahnsteiges je eine Sperre vorzusehen, die nach Bedarf besetzt, im übrigen aber geschlossen gehalten wird (Abb. 15, 20). Hierbei sind besondere Sperrposten für die Ausgänge nicht erforderlich, die bei größeren Anlagen sonst in der Regel nicht zu umgehen sind.

Die Sperrposten werden gebildet durch eiserne oder hölzerne Schranken, in denen 60—65 cm breite Durchgänge für die Reisenden frei gelassen sind. Neben diesen Durchgängen stellen sich die die Karten prüfenden und abnehmenden Schaffner auf, die man durch besondere Schranken, meist in geschlossener Form, den Schaffnerwannen, gegen die andrängenden Reisenden schützt. Diese Wannen, in der Regel aus Holz gefertigt und manchmal durch Anschluß an eine Sammelheizanlage erwärmt, sind 85 cm breit und 2,00 m lang, wenn sie für 2 Beamte eingerichtet sind. Sie erhalten an jeder Längsseite eine Tür, damit der betreffende Beamte schnell hinaus kann, und eine kleine Sitzbank, die als Kasten zum Aufnehmen der eingesammelten Fahrkarten eingerichtet wird. Zu diesem Zwecke erhält sie einen Einwurfschlitz, unterhalb dessen ein einschiebbarer verschließbarer Beutel angebracht werden kann. Sind die Beamten in den Wannen sehr dem Wetter oder der Zugluft ausgesetzt, so werden die Schaffnerwannen, nur seitlich oder auch nach oben, durch Aufbauten abgeschlossen, die nach Bedarf abnehmbar einzurichten sind. Die Seitenwände werden verglast und erhalten über den Türen Schiebefenster oder zurückziehbare Vorhänge. Die Oberkante der Tür erhält eine metallene Schutzschiene, damit die Beamten beim Ausklopfen der in den Lochzangen sitzen bleibenden Pappteilchen die Holzrahmen nicht beschädigen. Die für die

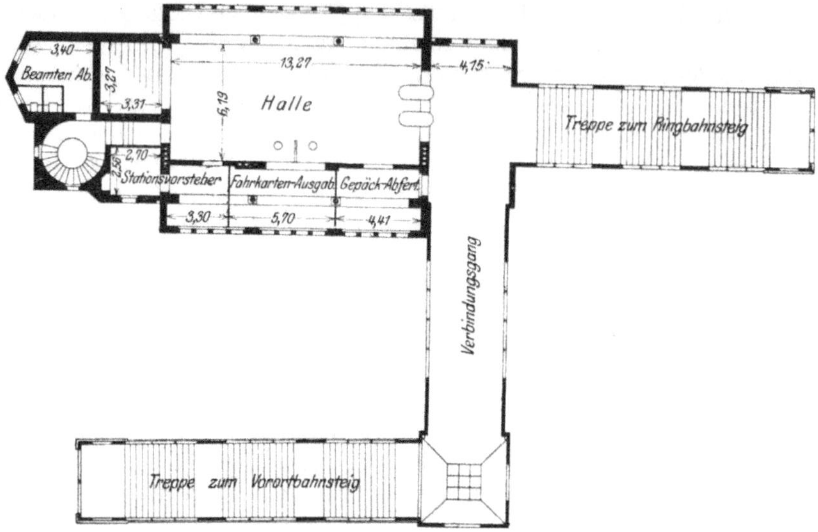


Abb. 60. Empfangsgebäude des Bahnhofes Putlitzstraße in Berlin.

Dunkelheit erforderliche künstliche Beleuchtung an den Sperrposten ist so hoch anzubringen, daß sie von auf den Rücken getragenen Gepäckstücken, Sensen u. dergl. nicht beschädigt wird, also etwa 2,20 m hoch. Sie darf von der Seitenwand der Wanne nur 25 bis 30 cm entfernt sein, damit nicht der Schatten des Reisenden auf die Fahrkarte fällt und ihre Erkennbarkeit beeinträchtigt.

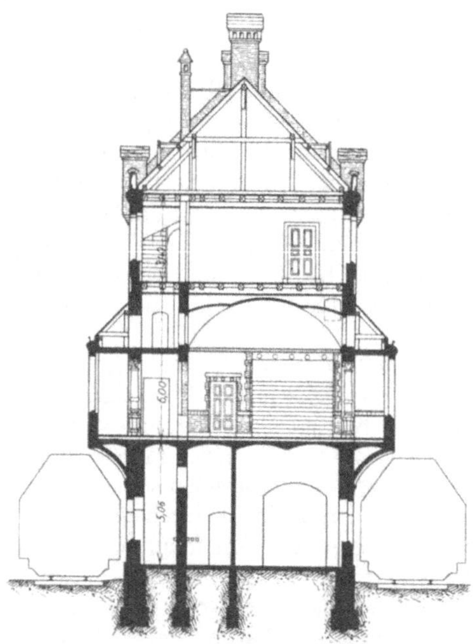


Abb. 61. Empfangsgebäude des Bahnhofes Putlitzstraße in Berlin.

Wie erwähnt haben in jeder Wanne 2 Beamte Platz, so daß bei 4 und mehr Durchgängen je zwei Durchgänge eng aneinanderzuliegen kommen und durch eine etwa 10 cm breite Schranke geschieden werden. Kommt ein Durchgang dicht an eine Seitenmauer zu liegen, so ist er von dieser durch eine 25 cm breite Führungsleiste zu scheiden, um ein Scheuern an der Wand zu verhüten.

Oft ist der für die Sperre zur Verfügung stehende Platz völlig durch die Sperrposten ausgefüllt, ja reicht sogar für diese nicht einmal aus, insbesondere bei Tunnel- oder Treppenanlagen, so daß durch Erweiterungen erst Platz geschaffen werden muß. Eine Bahnsteigsperre mit 4 Durchgängen z. B. erfordert $2 \cdot 0{,}25 + 2 \cdot 0{,}10 + 2 \cdot 0{,}85 + 4 \cdot (0{,}60$ oder $0{,}65) = 4{,}80$ bis $5{,}00$ m Breite, während die üblichen Tunnelbreiten nur 4,00 m sind; entweder ist dann die

Sperre aus dem Tunnel herauszulegen oder für entsprechende Verbreiterung, wozu gelegentlich Ausnischungen genügen, zu sorgen; ist beides nicht möglich, so kann man sich durch schräge Staffelungen der Wannen in beschränktem Umfange helfen (vgl. Zeitung des Vereins deutscher Eisenbahnverwaltungen 1915, S. 821).

Bei den Treppen ist dafür zu sorgen, daß die Wannen weder zu nahe an die Ausgangstüren noch an die Stufen heranrücken; in der Regel genügen 2,00 m Abstand von diesen. (Abb. 64).

Abb. 62. Empfangsgebäude des Bahnhofes Putlitzstraße in Berlin. Ansicht von Norden.

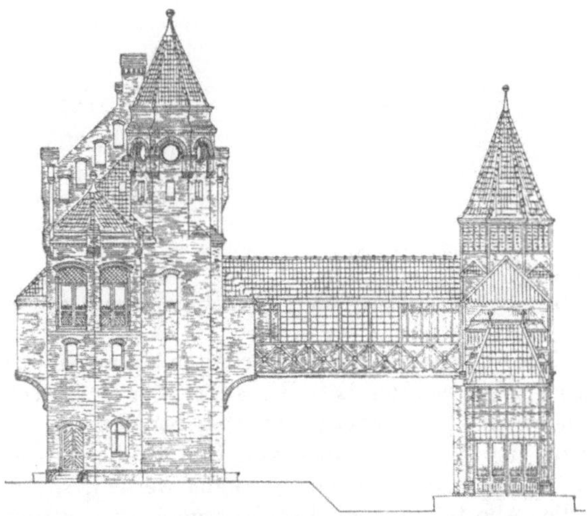

Abb. 63. Empfangsgebäude des Bahnhofes Putlitzstraße in Berlin. Ansicht von Westen.

Zweckmäßig werden an der Sperre die Bezeichnungen der Bahnsteige sowie Angaben über die Zugart, Zugrichtung und Abfahrtszeit angebracht, In der Nähe der Sperre empfiehlt es sich einen Raum vorzusehen, in dem die Schaffner ihre Kleider wechseln und frühstücken können usw.

## 8. Abort-Anlagen, Wasch- und Frisierräume.

Die Lage der Sperre ist außer für die Warteräume noch für eine andere Anlage von wesentlichem Einfluß, nämlich für die Aborträume. Grundsätzlich sollen, wenn die Warteräume außerhalb der Sperre liegen, auch die Abortanlagen außerhalb zugänglich sein, während diese fortfallen können und nur die innerhalb der Sperre erforderlichen Aborte vorzusehen sind, wenn die Wartesäle in die Sperre einbezogen sind. In diesem Falle ist nur ausnahmsweise, wenn die Gemeinde nicht ihren Verpflichtungen in dieser Beziehung nachkommt, eine Abortanlage für Kutscher, Gasthofbediente und andere auf den Vorplätzen sich aufhaltende Angestellte erforderlich, die dann möglichst unauffällig anzuordnen ist. Dagegen ist es falsch, die Aborte für die Reisenden versteckt anzulegen; sie sollen, wenn auch nicht aufdringlich, doch leicht auffindbar sein, und Schilder sollen im Bedarfsfalle die Richtung weisen. Damit sie auch

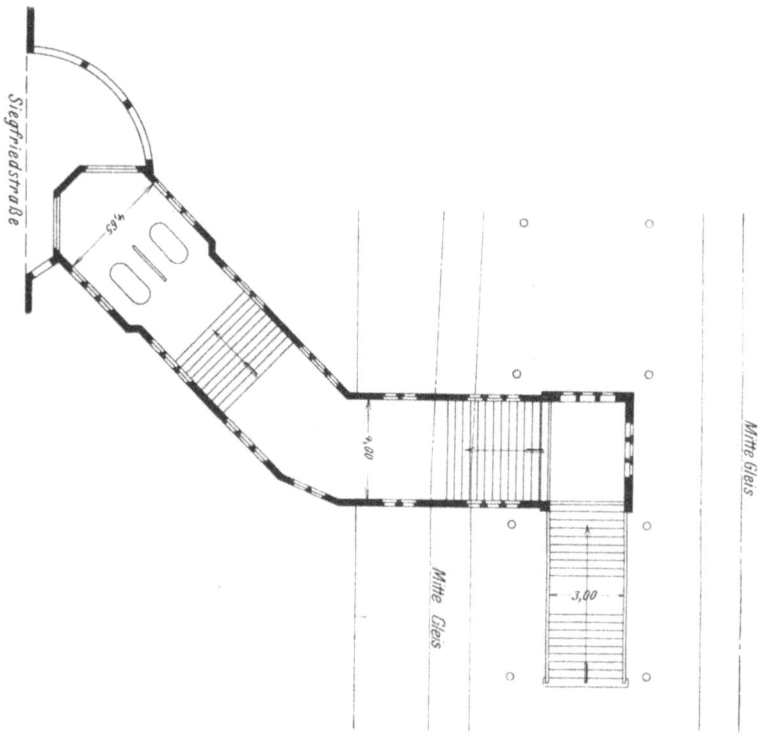


Abb. 64. Bahnsteigzugang auf Bahnhof Hermannstraße in Berlin.

in der Dunkelheit leicht gesehen werden, erhalten die an ihnen und den etwaigen Richtungsweisern angebrachten Lampen außer der entsprechenden Aufschrift einen mittleren etwa 10 cm breiten violetten Streifen.

Für die Lage der Aborte ist auch von Einfluß die Art der Beseitigung der Auswurfstoffe. Können diese fortgeschwemmt werden, so ist es in der Regel zweckmäßig, die Aborte in den Empfangsgebäuden selbst unterzubringen, andernfalls wird ihre Anlage in freistehenden Häuschen vorzuziehen sein.

Inwieweit die für die Wartesäle vorzusehenden Abortanlagen gleichzeitig für die Benutzung von den Bahnsteigen aus in Frage kommen, hängt von der örtlichen Anlage ab. Sind die Bahnsteige abgelegen, nur durch Treppen erreichbar, so wird es meist nicht zu umgehen sein, auch auf den einzelnen Bahnsteigen Abortanlagen vorzusehen, sei es in freistehenden Häuschen (Abb. 67) sei es in Anbauten an die Treppenüberdachungen (Abb. 44), sei es im Unterbau der Treppenaufgänge.

Die Größe der Abortanlagen ist naturgemäß sehr verschieden; für kleine Bahnhöfe genügt 1 Sitz für Frauen, 1 Sitz und 1 Bedürfnisstand für Männer und 1 Sitz für Beamte, der unter Verschluß gehalten wird. Häufig ist noch je ein Abort für die verschiedenen Wohnungen vorzusehen, die dann besonderen Zugang erhalten. Immer ist darauf zu sehen, daß durch einen Vorraum oder eine Schamwand der Einblick in die Aborträume gehindert wird, und daß die Aborträume für Männer und Frauen durch feste Wände bis zur Decke geschieden sind und möglichst weit voneinander getrennte, am besten auf verschiedenen Seiten gelegene Eingänge erhalten. Sind Brettwände als Scheidung zwischen den Aborten für Männer und denen für Frauen nicht zu vermeiden, so sind sie als doppelte Brettlage mit dazwischen liegender starker Eisenblechplatte auszubilden, damit sie nicht ohne weiteres durchbohrt werden können. Für größere Anlagen kann man etwa für 50 bis 100 Reisende täglich je einen Abortsitz für Frauen und Männer und 2 Bedürfnisstände rechnen.

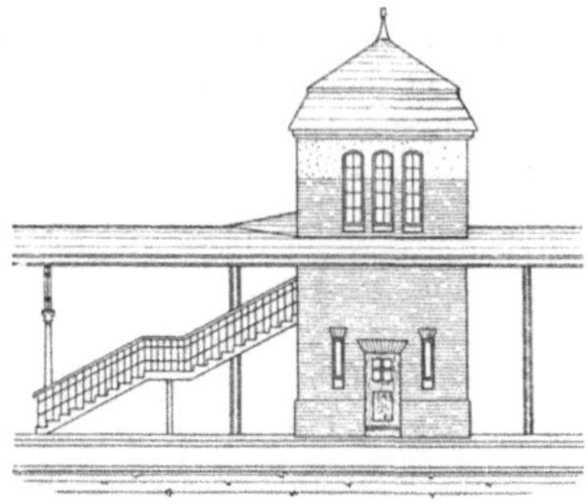

Abb. 65. Bahnsteigzugang auf Bahnhof Hermannstraße in Berlin.

Die Größe der Abortzellen ist auf 0,90 m Breite und 1,20 m Tiefe bei nach außen aufschlagenden, auf 1,50 m Tiefe bei nach innen schlagenden Türen zu bemessen. Für die Türen genügt 60 cm Breite, die Scheidewände der einzelnen Abortverschläge werden 2,20 m hoch aus $2\frac{1}{2}$ cm starkem Holz oder aus hell-

Abb. 66. Bahnsteigzugang auf Bahnhof Hermannstraße in Berlin.

glasierten Steinen in Holz- oder Eisenrahmen gebildet. Zur leichteren Reinigung des Fußbodens, der Asphalt oder Fliesenbelag erhält, läßt man die Zellenwände nicht bis auf den Fußboden hinabgehen, sondern stellt sie auf etwa 17 cm hohe verzinkte Gabeln.

Die Aborte werden freistehend ausgebildet. Der Abortsitz erhält zweckmäßig keine geschlossene Ringform, sondern wird aufklappbar und vorn etwa 12 cm, hinten etwa 20 cm breit aufgeschnitten eingerichtet, um die Berührung des Sitzbretts und seine Beschmutzung möglichst einzuschränken.

Jede Abortzelle ist reichlich mit eisernen Kleiderhaken und einem Ablegebrett für kleine Gegenstände, Blumen u. dergl., auszurüsten, die Abortzelle für Männer außerdem mit einer eisernen Schale für Zigarren. Jede Zelle ist von innen verschließbar mit einem Riegel einzurichten, dessen Stellung anzeigt, ob sie besetzt oder frei ist. Bei größeren Anlagen wird eine Anzahl der Zellen dauernd unter Verschluß gehalten und nur gegen Entgelt durch eine Wartefrau oder selbsttätig gegen Geldeinwurf geöffnet.

Für die Bedürfnisstände empfiehlt es sich im allgemeinen nicht, Becken vorzusehen, die leicht verstopft werden, es genügt vielmehr eine Rinne mit Rückwand, die bei Wasserspülung nach hinten, bei Ölverschluß nach vorn ein wenig geneigt wird. Die Rückwand erhält 1,50 m Höhe und wird meist aus Schiefer oder einfach aus glattgebügeltem Zement gefertigt. Sollen die einzelnen Stände abgeteilt werden, so bringt man in etwa 75 cm Abstand voneinander Schamwände aus Schiefer oder Marmorplatten an, die nicht weiter

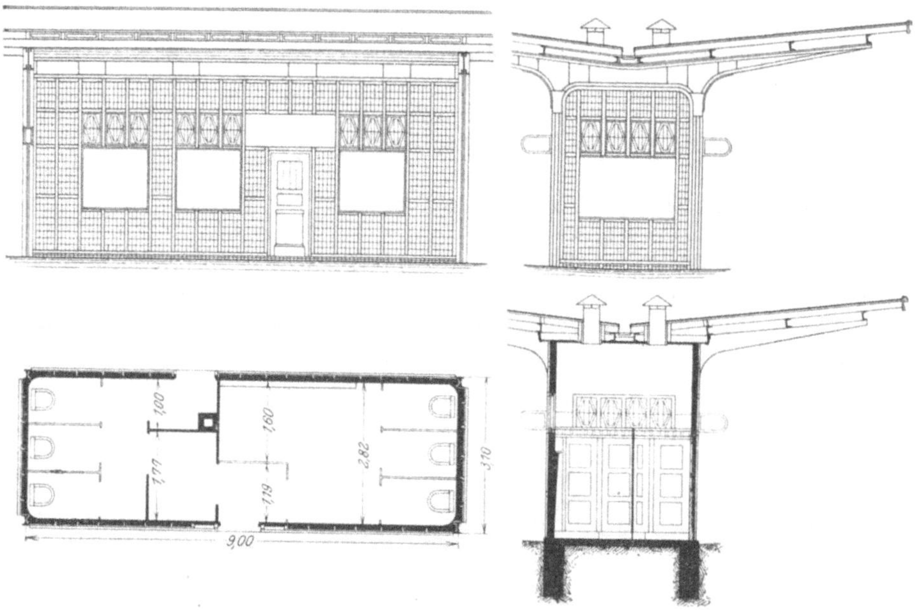


Abb. 67. Abortbude auf dem Bahnsteig.

als 50 cm vorspringen, vom Fußboden etwa 50 cm und von der Rückwand etwa 8 cm abstehen, um die Reinigung zu erleichtern. Die Tiefe der Stände ist 1,60 m; schlagen die Türen der Abortzellen nach außen in den Stand, so ist dessen Tiefe 40 cm größer zu wählen; bei einander zugekehrten Doppelständen beträgt der Abstand der Wände 2,40 bis 3,00 m voneinander.

Die Aborträume müssen gut gelüftet werden; sie erhalten 2,50 m als Mindesthöhe; die Wände werden in Reichhöhe, etwa 2,25 m, mit rauhem Stipputz versehen oder mit Fliesen bekleidet, um das Bemalen zu verhindern. Der Fußboden wird aus Fliesen oder Asphalt gebildet.

Um die Aborträume dauernd sauber zu halten, was unbedingtes Erfordernis ist, müssen sie reichliche Beleuchtung durch Tageslicht erhalten. Bei größeren Anlagen erfolgt die Reinigung durch eine Wartefrau, für die dann ein besonderer kleiner Aufenthaltsraum möglichst so vorzusehen ist, daß von ihm die Aborträume für Männer und für Frauen leicht zugänglich sind. (Abb. 44.) Klingelanlagen, um die Wärterin herbeizurufen, sind erforderlich.

Bei größeren Bahnhöfen legt man neben die Aborträume Waschräume, in denen durch Scheidewände, ähnlich denen der Abortzellen, die einzelnen Waschstände abgeteilt werden; als Abschluß gegen den Vorraum genügt ein zuknöpfbarer Vorhang. Die Zellen erhalten etwa 1,50 m Breite und 2,00 m

Tiefe. Außer einem Waschtisch, möglichst mit Kalt- und Warmwasserzuführung und einer Kopfbrause, erhalten sie reichlich Kleiderhaken, etwa 5 Stück, ein Brettchen zum Ablegen von Ringen und Wertsachen, eine Kofferbank, einen Stiefelknecht, ein Tischchen, Spiegel, Kamm- und Bürstenbrett, einen Papierkorb, eine Aschschale und mehrere Stühle. Auch eine Fußbadewanne ist sehr zweckmäßig, ebenso Fußbodenentwässerung. Ähnliche Einrichtungen erhalten die bei großen Bahnhöfen mitunter angeordneten Zellen für Vollbäder, die bei etwa 1,70 m Breite 3,00 m Tiefe erhalten. Es tritt nur noch ein Lattenrost hinzu.

In den Vorräumen der Aborte und der Waschzellen sind, wenn möglich, Ausgußbecken mit Schlauchverschraubung an den Auslaufhähnen vorzusehen, um überall gründlich reinigen zu können.

Zur weiteren Bequemlichkeit für die Reisenden werden bei großen Empfangsgebäuden ferner Barbier- und Frisierräume vorgesehen, die in ihrer Einrichtung sich von den üblichen Anlagen nicht unterscheiden. Die einzelnen Stände erhalten etwa 2,30 m Breite.

Zur Versorgung der Wasch-, Bade- und Barbierräume mit warmem Wasser genügt im allgemeinen die Anlage eines Warmwasserofens mit Gasfeuerung, die sich beim Öffnen des Warmwasserhahns selbsttätig entzündet.

Wasch-, Bade- und Barbierräume werden im allgemeinen nur innerhalb der eigentlichen Empfangsgebäude vorgesehen, während, wie bereits erwähnt (vgl. S. 38), Aborträume auch auf den Bahnsteigen vielfach einzurichten sind.

## 9. Tunnel- und Brückenzugänge zu den Bahnsteigen.

Der Zugang zu den Bahnsteigen erfolgt bei großen Bahnhöfen durch 4,0 m breite Tunnel oder Brücken; größere Breiten sind nur in Ausnahmefällen erforderlich. Als Tunnelhöhe genügen 2,50 m Höhe, wenn nötig selbst 2,20 m. Den Tunneln ist durch Oberlicht zwischen den Gleisen und durch Fenster in den Bahnsteigmauern möglichst viel Licht zuzuführen. Sehr begünstigt wird die Lichtwirkung durch helle Fliesenbekleidung der Wände. Bei künstlicher Beleuchtung ist darauf zu achten, daß die Beleuchtungskörper nicht tief in den Tunnel hinabhängen und die Reisenden belästigen; zweckmäßiger ist im allgemeinen, die Lampen an den Seitenwänden anzubringen.

Die Brücken zu den Bahnsteigen können, wenn sie innerhalb der Bahnsteighallen liegen, frei hineingebaut werden, wie in Darmstadt, oder geschlossen, wie in Hamburg am Hauptbahnhof. Liegen sie außerhalb der Hallen, so müssen sie seitlich geschlossen und überdacht werden. Bei älteren Anlagen wurden diese Seitenwände meist als Glaseisenwände ausgeführt; wegen der geringeren Unterhaltungskosten wählt man in neuerer Zeit Eisenfachwerk (Abb. 62) oder noch besser 25 cm starkes Mauerwerk (Abb. 66) mit wenigen Fenstergruppen; die freien Wandflächen finden vorteilhafte Verwendung zur Anbringung von Fahrplänen usw. Dem Verqualmen der Brücken sucht man durch Schutzdächer über den Gleisen vorzubeugen, deren Eindeckung aber sehr fest und sorgfältig erfolgen muß, am besten unter Zuhilfenahme von Kupfernägeln und -haken, die von der schwefligen Säure des Lokomotivrauches weniger angegriffen werden.

Die zu den Bahnsteigen führenden, im allgemeinen 2,50 bis 4,0 m breiten Treppen erhalten ein Steigungsverhältnis von 16 zu 32 cm, unter Nichtberücksichtigung des Vorsprungs der Trittstufen. Die Ausbildung dieser Trittstufen ist von großer Wichtigkeit mit Rücksicht auf die starke Abnutzung, der sie ausgesetzt sind. Die natürlichen Gesteine, Granit, Basalt usw. werden durch den Verkehr bald glatt geschliffen und geben dann zum Ausgleiten und Fallen Veranlassung. Hölzerner Stufenbelag, Zement, Linoleum und Fliesen nützen sich zu schnell ab um wirtschaftlich zu sein. Stahlrippen mit Bleipolster bewähren sich zwar, sind aber verhältnismäßig teuer. Am vorteilhaftesten erweist sich ein Stufenbelag aus Asphalt mit vorderer Kante aus Carborund oder aus Hartholz. Die Holzkanten werden etwa 4 cm stark und 8 cm breit mit versenkten Schrauben an eingelegten Dübeln in der Stufe oder an Winkeleisen befestigt, so daß sie etwa 2,5 cm vorstehen. Die sich dann ergebende vertiefte Fläche wird mit Asphalt ausgefüllt, der nach Bedarf jederzeit leicht im Betriebe ausgebessert und erneuert werden kann. Der Holzvorstoß wird, wenn er abgelaufen ist, umgedreht oder erneuert, was ebenfalls schnell und bequem ausführbar ist, ohne Belästigung der Reisenden. Bei schmalen Treppen ist darauf zu achten, daß die Geländer, wofür Gasrohr oder 6 cm starke Rund stangen genügen, die Breite nicht zu sehr einschränken, doch muß immer genügender Abstand von der Wand bleiben, damit sich die Hand nicht klemmt.

Liegen die Treppen im Freien, so müssen sie überdacht und seitlich geschlossen werden (Abb. 62), in der gleichen Weise wie die Bahnsteigbrücken (vgl. S. 41). Sind die Bahnsteige, innerhalb der die Treppen münden, überdacht, so kann davon abgesehen werden (Abb. 65), oder man sieht nur seitliche Schutzwände vor, um das Hineintreiben von Schlagregen zu verhüten.

Bei der Anordnung der seitlichen Abschlußwände der Treppe ist darauf zu achten, daß sie auf den Bahnsteigen 3,00 m von der nächsten Gleismitte bestimmungsgemäß abbleiben müssen, was mitunter zu Schwierigkeiten führen kann, wenn seitlich von ihnen die Gepäckkarren vorbeifahren müssen. In diesen Fällen muß die Treppenmündung dann meist seitlich zur Bahnsteigmitte verschoben werden (Abb. 44). Dieser Abstand von 3,00 m ist nicht erforderlich, wenn die Treppe am Bahnsteigende mündet, es ist dann nur noch 2,50 m nötig, ein Maß, das nötigenfalls auf 2,20 m ermäßigt werden kann.

Die Ausmündung der Treppen am Bahnsteigende empfiehlt sich im allgemeinen, weil dadurch am besten unnütze Wege für die Reisenden vermieden werden und auch weniger Verkehrskreuzungen entstehen.

## 10. Bahnsteige.

**a) Ausführung und Überdachung.** Bei größeren Bahnhöfen liegen die Außenkanten der Personenbahnsteige 0,76 m über Schienenoberkante. Sind die Bahnsteige nicht überdacht, so erhalten sie ein nach der Mitte ansteigendes Quergefälle (1 : 40) um Niederschläge leicht abzuführen. Um zu vermeiden, daß sich hinter den Bahnsteigmauern Wasseransammlungen bilden, sind die Bahnsteigmauern, die mit Steinschlag zweckmäßig hinterfüllt werden, etwa alle 5 m mit Löchern zu versehen. Überdachte Bahnsteige aber erhalten Quergefäll nach der Mitte, wo Sickerschächte oder Entwässerungsanschlüsse zur Aufnahme der Niederschläge vorgesehen werden. Man sucht dadurch die Eisbildung an den Kanten, die für die Reisenden beim Aussteigen leicht gefährlich werden kann, zu verhindern. Die Bahnsteigmauern werden meist etwa 40 cm stark und in neuerer Zeit in Beton oder Eisenbeton ausgeführt; sie erhalten dann in Abständen von 20 m eine Dehnungsfuge. Besondere Aufmerksamkeit ist auf die Kantenbefestigung der Bahnsteigmauern, die besonders den Frosteinwirkungen ausgesetzt ist, zu wenden. Als zweckmäßig hat sich hier an Stelle der vielfach verwandten natürlichen Gesteine eine Einfassung mit gerauhten Eisenklinkern von etwa 16 cm Höhe und 25 cm Breite erwiesen.

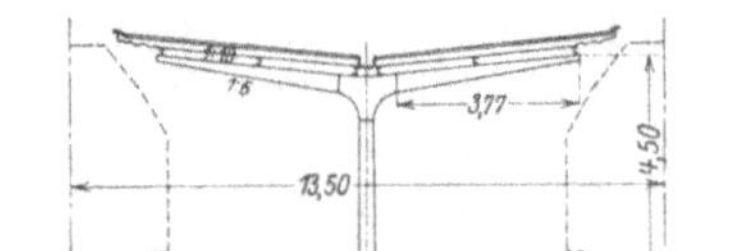

Abb. 68. Bahnsteigüberdachung.

Die Befestigung der Bahnsteige mit einfacher Kieslage ist nur für kleine Bahnhöfe und wenn keine Überdachung vorhanden ist, angängig. Bei stärkerem

Verkehr und bei überdachten Bahnsteigen, bei denen die Kieslage zu sehr stäubt, ist eine Befestigung durch Mosaikpflaster, Fliesenbeläge oder Asphalt geboten. Asphaltbelag ist besonders für Gepäckbahnsteige geeignet, für Personenbahnsteige sind Beläge aus Granitoidplatten zu empfehlen.

Die Bahnsteige werden am zweckmäßigsten mit einstieligen Bahnsteighallen überdacht, bei denen die Binder und Pfetten aus Eisen bestehen und die Eindeckung aus Schalung mit doppelter Papplage (Abb. 68.) Die früher üblichen zweistieligen Bahnsteighallen haben sich als ungeeignet erwiesen, weil die Stützen zu nahe an der Bahnsteigkante stehen und bei dem hastigen Verkehr der Reisenden unbequem sind. Statt der Schalung hat man in neuerer Zeit auch

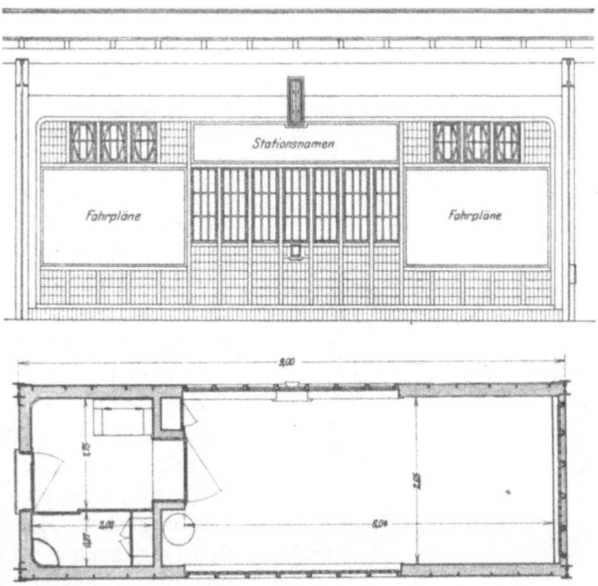


Abb. 69. Dienstbuden auf dem Bahnsteig.

Eisenbeton verwandt. Bei der Eindeckung mit Pappe auf Holzschalung besteht die Gefahr, daß bei nicht sehr sorgfältiger Ausführung der in der Hitze flüssig werdende Teer seitlich neben der in der Mitte des Daches liegenden Rinne herabtropft. Es empfiehlt sich daher, diese in einen besonderen gespundeten Holzkasten einzulegen.

Um bei der Herabführung der Abfallrohre, die an jeder zweiten Stütze anzulegen sind, unbequeme Krümmungen zu vermeiden, sind an diesen Stellen statt der T-Eisen des Längsverbandes zwei L-Eisen vorzusehen, zwischen denen das Abfallrohr herabgeführt wird.

Sind die Bahnsteige stark dem Schlagregen ausgesetzt, so ordnet man außerhalb des Normalprofils herabhängende Glastafeln, die den Lichteinfall nicht behindern, an.

Bei größeren Bahnhöfen werden nicht nur des stattlicheren Aussehens wegen, sondern auch um die Reisenden besser vor Zug zu schützen statt der einzelnen Bahnsteigüberdeckungen größere Hallen, die Bahnsteige und Gleise schützen, angeordnet. Man beschränkt sich dabei im Gegensatz zu früher, wo man gern sämtliche Gleise und Bahnsteige oder wenigstens mehrere Bahnsteige durch eine Halle überdeckte, in neuerer Zeit gern auf geringere Spannweiten, die weniger Kostenaufwand erfordern, besser gegen Zugluft schützen und auch leichter zu unterhalten sind als die weit gespannten Hallen. Diese Hallen, die früher allgemein mit Wellblech eingedeckt wurden, erhalten jetzt meist Holzschalung oder Betonplatten und Pappeindeckung, weil das Wellblech von den schwefligen Lokomotivgasen zu sehr leidet. Bei größeren Hallen ordnet man zur Erleichterung der Besichtigung, des Anstriches und der Reinigung äußere Laufstege an, bestehend aus Doppelbohlen, die durch Knaggen auf der Dachhaut gestützt werden.

Während bei den einstieligen Hallen Rauchabführung und Lichtzuführung keine Schwierigkeiten bieten, wachsen diese mit der zunehmenden Weite der großen Hallen, die um Zugbelästigungen zu vermeiden, an ihren freien Enden durch sogenannte Schürzen, große herabhängende Glasflächen, geschlossen werden.

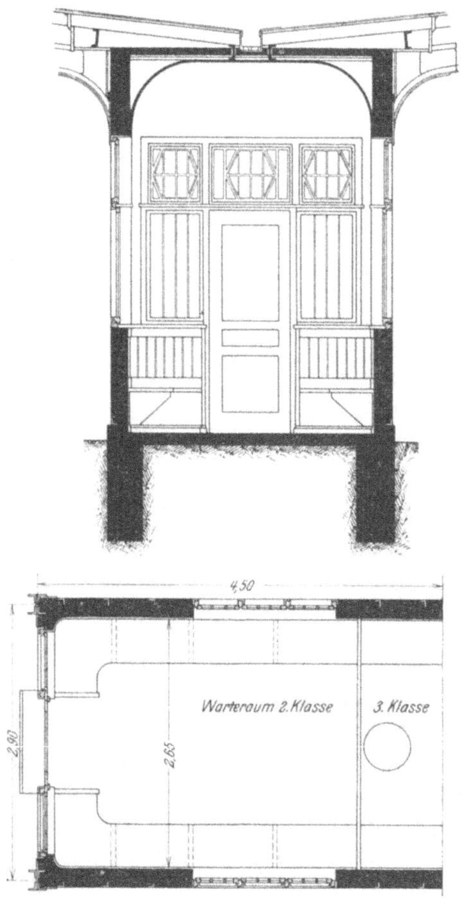


Abb. 70. Wartebude auf dem Bahnsteig.

Zur Verbesserung der Lichtzuführung werden die Hallen im mittleren Teile mit Glas eingedeckt oder erhalten seitliche Fensteraufbauten (Abb. 17, 18), die sehr günstig wirken, während die Glaseindeckung im Verlauf weniger Jahre derartig durch Qualm und Ruß angegriffen wird, daß eine Reinigung nicht mehr möglich ist, sondern eine Erneuerung der Glastafeln stattfinden muß.

Zur Abführung des Rauches erhalten die Hallen an der höchsten Stelle laternenartige Aufsätze, deren Seitenwände entsprechend der Windrichtung mit Hebel und Kettenübertragungen geöffnet werden können, doch müssen die Bewegungsteile sorgfältig gegen Rost und Schmutz geschützt werden.

Bei Anordnung mehrerer Hallen vermeidet man, die Zwischenstützen auf die Personenbahnsteige zu stellen, weil dadurch die Raumwirkung beeinträchtigt wird. Sie finden ihren Platz dann zwischen den Gleisen oder auf den Gepäckbahnsteigen. Im letzteren Falle ist darauf zu achten, daß die Stützen nicht zu nahe an die Bahnsteigkante zu stehen kommen, weil dann unter Umständen der Fall eintreten kann, daß es nicht möglich ist, aus dem gerade mit seiner Tür vor den Stützen haltenden Gepäckwagen die Koffer usw. auszuladen.

**b) Bauten auf dem Bahnsteig.** Bei den großen Hallen müssen alle auf dem Bahnsteige zu errichtenden Häuschen als selbständige Bauten behandelt werden, anders bei den einstieligen Bahnsteighallen, wo sie mit diesen im Zusammenhang unter ein gemeinsames Dach gezogen werden können (Abb. 67, 69, 70). Im letzteren Falle ordnet man statt der einstieligen zwei zweistielige Binder an, die dann die 4 Ecken des betreffenden Häuschens bilden. Diese Häuschen werden in der Regel aus Eisenfachwerk gebildet, weil dann bei dem meist aufgeschütteten Boden der Bahnsteige die Gründung leichter ist. Sie dienen zum Unterbringen der Aborte, der Warte- und der Diensträume.

Außer diesen Häuschen werden je nach Bedarf Wasserzapfstellen, einfache und Windschutzbänke (Abb. 71), Fahrplantafeln, Bänke zum Absetzen der Traglasten, Papierkörbe und Richtungsweiser erforderlich. Die letzteren erhalten ihren Platz am besten so, daß sie von den Reisenden beim Betreten

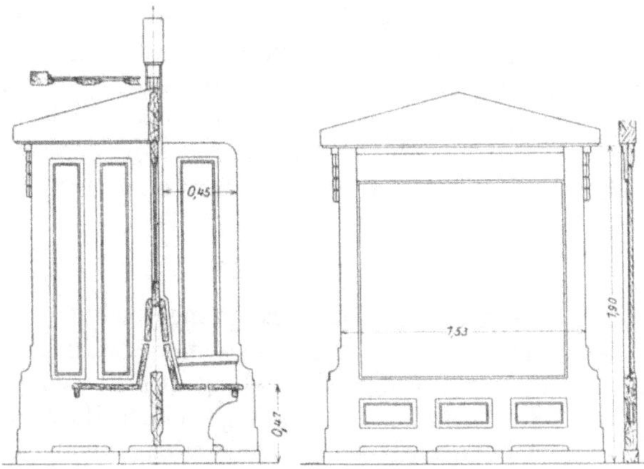


Abb. 71. Windschutzbank.

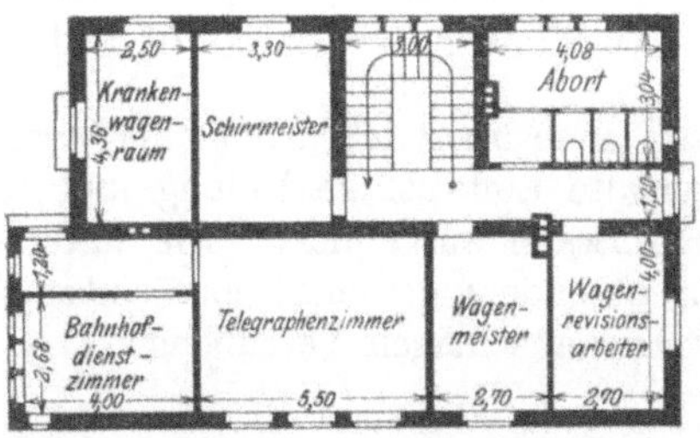


Abb. 72. Dienstgebäude auf dem Nordbahnhof in Berlin.

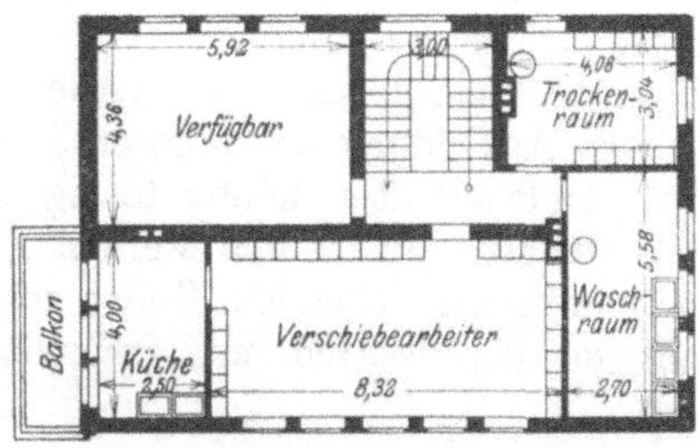


Abb. 73. Dienstgebäude auf dem Nordbahnhof in Berlin.

der Bahnsteige leicht erblickt werden können. Sie sollen Aufschluß über die Zugrichtung, Zugart und wenn nötig über die Abfahrtszeit geben.

Die oben besprochenen Wartehäuschen auf den Bahnsteigen, die erforderlich werden, wenn die Bahnsteige nicht unmittelbar von den Wartesälen zugänglich sind, werden gelegentlich zu großen Anlagen ausgebildet, und zwar bei den sogenannten Inselbahnhöfen, wo in einem meist seitlich liegenden Vorgebäude (z. B. am Hauptbahnhof in Düsseldorf) oder im Unterbau nur die Fahrkarten- und Gepäckabfertigungsräume untergebracht sind, während Dienst- und Warteräume in einem zwischen den Gleisanlagen angeordneten Bau ihren Platz finden.

Abb. 74. Dienstgebäude auf dem Nordbahnhof in Berlin.

Eine andere Lösung der Raumverteilung in solchem Falle zeigen die Abb. 40 bis 42, wo die Anfahrt zwischen die überführten Gleise gelegt ist; hierbei wird die Übersicht über die Gleisanlagen meist vorteilhafter.

Ebenso wie die Wartehäuschen auf den Bahnsteigen sich zu großen Anlagen entwickeln können, ist dies, und zwar weit häufiger, der Fall mit den

Dienstbuden; es entstehen dann die sogenannten Dienstabfertigungsstellen, namentlich auf den Zugbilde- und Verschiebebahnhöfen, wo mit den Reisenden alle für deren Abfertigung und Verkehr nötigen Räume fortfallen und nur die früher behandelten Dienst- und Aufenthaltsräume bestehen bleiben. Die Raumbedürfnisse sind in jedem Falle verschieden; es sei hier nur ein Beispiel gegeben (Abb. 72 bis 74). Das Bestreben geht dahin, die Grundrisse so auszubilden, daß die in erster Linie für den Betrieb bestimmten Räume auf kürzestem Wege erreicht werden können. Vielfach werden in diesen Gebäuden Unterrichtsräume notwendig. Es ist dann für Aufschlagen der Türen nach außen und genügende Treppenbreite zu sorgen. An Raum ist für jeden Unterrichtsteilnehmer etwa 1,2 qm Grundfläche vorzusehen.

### 11. Fürstenräume.

Eine besondere Stellung unter den Empfangsgebäuden nehmen die für Fürstlichkeiten bestimmten ein; es sind, wie schon erwähnt, neuerdings meist besondere Bauten, was sich für die Abwicklung des Verkehrs als zweckdienlicher erwiesen hat. Sie enthalten in der Regel einen Hauptraum mit einem oder mehreren Nebenräumen für die Fürstlichkeiten und ihr Gefolge mit den erforderlichen Vorräumen und Windfängen. In älteren Anlagen sind die Türen der Haupträume vielfach in eine Flucht gelegt, um die zurückzulegenden Wege möglichst einfach zu gestalten. Bei den neueren Anlagen vermeidet man diese Anlage wegen der damit verbundenen Zugbelästigung und sieht eine mehrmals geknickte Wegführung vor. (Abb. 26).

Die Ausbildung der Fürstenräume soll ohne übertriebenen Prunk erfolgen. Die Wände erhalten häufig farbig ausgemalte Linkrustabekleidung und Holzvertäfelungen; die Stühle werden als Korbsessel ausgebildet. Die unter den Fürstenräumen liegenden Keller müssen besonders gesichert und unter Aufsicht gehalten werden, um verbrecherischen Anschlägen vorzubeugen.

### 12. Äußere Ausbildung.

Auch die äußere Ausbildung der Fürstenbauten soll gediegen und würdig sein. Besondere Schwierigkeiten wird sie im allgemeinen nicht bieten; dagegen treten solche bei den sonstigen Empfangsgebäuden in der Regel in weitestem Umfange auf. Die häufig angestrebte achsgleiche Ausbildung läßt sich nur in seltenen Fällen erreichen, meist führt sie zu ungünstigen Grundrißlösungen, was bei der Verschiedenartigkeit der Räume in ihrer Größe und Zweckbestimmung erklärlich ist. Man sieht daher im allgemeinen besser davon ab und strebt nur an, dem Bau durch geschickte Gliederung eine gefällige Erscheinung zu geben. Häufig wird diese Gliederung durch Anordnung eines die Baumasse beherrschenden Uhrturmes erleichtert (Abb. 18, 25, 54) und durch Betonung einzelner Haupträume, wie z. B. der Schalterhallen mit ihren großen Lichtöffnungen.

## B. Stellwerksgebäude.

### 1. Allgemeine Anordnung.

Die Stellwerksgebäude, früher ohne erhebliche Bedeutung, haben sich in neuerer Zeit immer mehr zu den wichtigsten Bauten des Betriebes herausgebildet; ihnen liegt die Überwachung der Sicherheit und die Regelung des Betriebes ob; von ihnen aus werden die Signale und Weichen gestellt, die den Zügen die Fahrt bestimmen, und deren Stellung ihnen dafür bürgt, daß sie die vor ihnen liegenden Strecken ohne Gefahr durcheilen können.

Man teilt die Stellwerke nach ihrer Zweckbestimmung ein in Blockstellwerke, Rangierstellwerke, Weichen- und Signalstellwerke und Befehlsstellwerke. Die Blockstellwerke liegen an der freien Strecke, am Ende einer Blockstrecke, in deren mehrere die zwischen zwei Bahnhöfen liegende Strecke eingeteilt wird, um eine schnellere Zugfolge zu ermöglichen, als dies der Fall wäre, wenn von

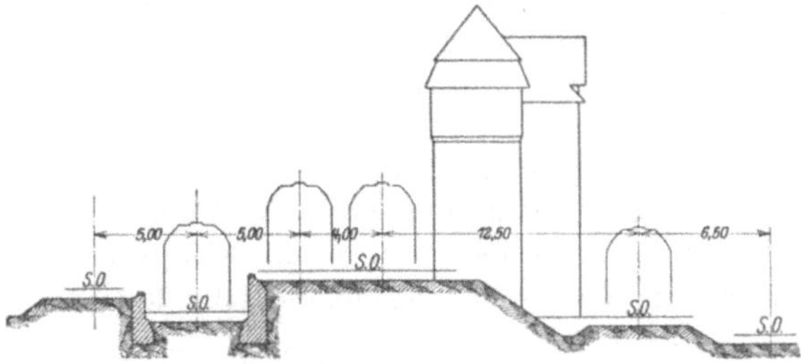


Abb. 75. Stellwerksgebäude in Schöneberg.

dem einen Bahnhof ein Zug erst abgelassen werden könnte, wenn der vorhergehende den Nachbarbahnhof erreicht hat; die Rangierstellwerke sorgen für die richtige Umstellung der Weichen bei der Verschiebearbeit auf den Bahnhöfen; die Weichen- und Signalstellwerke bringen Weichen- und Signalstellung auf den Bahnhöfen, namentlich bei der Ein- und Ausfahrt, in Übereinstimmung; und die Befehlsstellwerke sind Weichen- und Signalstellwerke in Verbindung mit den für die Zugabfertigung erforderlichen Telegrapheneinrichtungen.

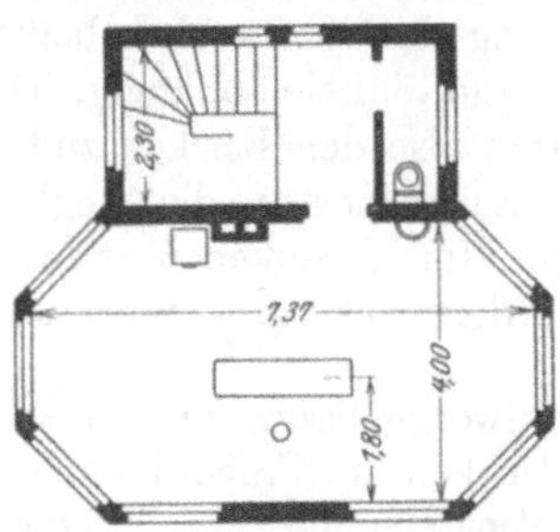


Abb. 76. Stellwerksgebäude in Schöneberg.

Abb. 77. Stellwerksgebäude in Schöneberg.

Allen Stellwerken ist jedoch eine Forderung gemeinsam: die, daß der von ihnen aus zu beobachtende Gleis- oder Bahnhofsteil möglichst vollkommen übersehen werden kann.

## 2. Stellwerkraum.

Mit dem geringsten Aufwand kann dem bei Blockbuden an eingleisigen Strecken entsprochen werden, wo es meist genügt, sie ebenerdig oder wenig erhöht auszubilden. Bei zweigleisigen Strecken, wo der Forderung genügt werden soll, daß vom Stellwerkraum aus das Schlußzeichen eines im zweiten Gleise vorbeifahrenden Zuges auch bei der Kreuzung mit einem im ersten Gleise fahrenden Zuge gesehen werden kann, ist es erforderlich, dem Stellwerkraum eine erhöhte Lage zu geben. Im allgemeinen wird es zu diesem Zwecke genügen, den

Fußboden des Stellwerkraums 4,0 m über Schienenoberkante zu legen. Liegen mehrere Gleise vor dem Stellwerk oder liegen sie in verschiedener Höhe, oder muß über ein in der Sehlinie liegendes Hindernis, eine Brücke oder dergl. hinweggesehen werden, so ist häufig eine erheblich höhere Lage des Stellwerkraums erforderlich (Abb. 75), die sich zuverlässig nur durch Eintragung der Sehlinien ermitteln läßt. Umgekehrt kann auch eine tiefere Lage des Stellwerkraumes in Frage kommen, wenn sich eine so hohe Lage nicht erreichen läßt, daß über ein Hindernis hinweggesehen werden kann, bei einer tiefen Lage dagegen darunter ein Ausblick möglich wird, z. B. bei Brücken oder Bahnsteigdächern.

Eine zu hohe Lage des Stellwerkraums hat auch gelegentlich den Nachteil, daß der Verkehr durch Zurufe zwischen den Stellwerkswärtern und den im Zuge oder bei den Gleisen tätigen Bediensteten beeinträchtigt wird. Häufig wird es dann zweckmäßiger sein, das Stellwerkgebäude an eine andere Stelle zu verschieben.

Damit vom Stellwerkraum eine gute Übersicht möglich wird, erhält er an den nach den Gleisen und Signalen zu gelegenen Seiten große Fenster ohne Sprossenteilungen. Namentlich sind wagerechte Sprossen zu vermeiden, die die Signale leicht verdecken. Zu große Breiten der Fenster (über 1,30 m) sind nicht zu empfehlen, weil sonst die Flügel beim Öffnen zu weit in die meist schmalen Räume hineinragen. Die Höhenlage des Fenstersturzes ist von der Höhe und Entfernung der zu übersehenden Signale abhängig und wird am besten ebenfalls durch Eintragung der Sehlinien ermittelt. Im allgemeinen wird es, wenn der Fußboden des Stellwerkraums 4 m über Schienenoberkante liegt, genügen, den Fenstersturz 2,25 m über Fußboden anzuordnen. Die Fensterbrüstung wird 0,90 m hoch gemacht; häufig erfordert aber die gute Übersicht, etwa über nah beim Gebäude liegende Weichen, eine Einschränkung dieser Höhe auf 0,50 m oder noch weniger. Dann sind außen auf 0,40 m und 0,90 m Höhe Stangen zum Schutz gegen das Hinausfallen beim Öffnen der Fenster anzubringen. Die Verteilung der Fenster ist von der Stellung der Stellwerkshebelbank und der Lage der zu übersehenden Gleise, Weichen und Signale abhängig. Da der Wärter meist vor der Hebelbank steht, den Gleisen also den Rücken zudreht, sind die wichtigsten Fenster für die Aussicht die Seitenfenster, die möglichst nahe an die Vorderwand herangerückt werden und im allgemeinen, wenn z. B. nicht Gleiskrümmungen eine größere Breite erfordern, bis zur Vorderkante der Hebelbank reichen.

Führen Weichenstraßen auf das Stellwerkgebäude zu, so kann eine Abschrägung einer oder mehrerer Gebäudeecken in Frage kommen (Abb. 76). An der Vorderseite sind übermäßige Fensterbreiten im allgemeinen nicht notwendig. Sie werden besser durch eine größere Zahl von Fenstern ersetzt wie bei Rangierstellwerken, wo meist die ganze Seite in Fenster aufzulösen ist, damit der Wärter die Wagen dauernd auf ihrem Lauf verfolgen kann. Bei über 10 m langen Gebäuden empfiehlt sich häufig die Anordnung eines Erkers in der Mitte, dessen Fenster in der Vorderwand dann eine geringere Brüstungshöhe als die übrigen Fenster der Längswand erhalten müssen, um die Aussicht auf die Gleise nicht zu beeinträchtigen. Bei Rangierstellwerken ist statt dessen ein offener Austritt mehr zu empfehlen, von dem aus die Verschiebearbeit durch Zuruf erleichtert werden kann.

Zum Schutze gegen Verzerrung der Bilder, die namentlich bei Dunkelheit störend wirken kann, verglast man die für die Aussicht bestimmten Fenster am besten mit Spiegelglas; allerdings können dann wieder bei zwei gegenüberliegenden Fenstern leicht Spiegelungen auftreten; doch werden sie selten von irreführender Bedeutung sein; will man sie vermeiden, so genügt eine schwache Neigung der betreffenden Wandteile zueinander.

Die Zahl der Fenster und ihre Größe sollen nach Möglichkeit beschränkt werden, um die Stellwerkräume leichter beheizbar zu machen, weshalb auch Doppelfenster bei ihnen angebracht sind. Um bei diesen die die Aussicht beeinträchtigenden Futtertiefen und Holzstärken einzuschränken, auch ein schnelles Öffnen zu ermöglichen, erhalten sie Rahmen auf Rahmen schlagende Fensterflügel.

Außer den für den Ausblick auf die Strecke bestimmten Fenstern werden häufig Fenster auf der Rückseite erforderlich zur Beobachtung von Überwegen, zur Beleuchtung von Morsetischen oder der Rückseite der Blockwerke oder auch nur zur Lüftung; diese Fenster unterscheiden sich nicht von gewöhnlichen Fenstern; zweckmäßig erhalten sie 1,10 m Brüstungshöhe, um Tische vor ihnen aufstellen zu können.

Die künstliche Beleuchtung der Stellwerkräume soll so sein, daß dem Wärter nicht durch zu große Helligkeit der Ausblick in die meist dunkle Umgebung beeinträchtigt wird; sie erfolgt daher durch abgeblendete Lampen, die ihr Licht nur auf bestimmte Stellen, die Block- und Hebelaufschriften namentlich, werfen.

Störend für die Aussicht kann bei Tageslicht die Sonne werden. Um sie abzuhalten bedient man sich der Stabläden oder ordnet Schutzdächer über den einzelnen Fenstern an. Im allgemeinen wird es jedoch genügen, das Dach weit, etwa 1,00 m, überstehen zu lassen.

Das Dach soll nicht gleichzeitig die Decke bilden, sondern immer von dieser durch einen Dachraum geschieden werden, um im Sommer den Stellwerkraum vor der Glut der Sonnenstrahlen zu schützen, und ihn im Winter leichter heizen zu können. Der Fußboden erhält zweckmäßig Linoleumbelag.

Die Größe des Stellwerkraumes hängt von der Zahl der Hebel ab. Am Ende der Hebelbank, auf der die Hebel meist in 14 cm Abstand angebracht sind, soll ein seitlicher Durchgangsraum von 1,50 m sein, der eine etwaige Verlängerung noch zuläßt, am anderen Ende, wo in der Regel der Blockaufsatz sich befindet, genügt 1,0 m. Für wenige Hebel reicht 3,5 m Raumbreite aus, die bei größerer Hebelzahl auf 4,0 m, und wenn der Kasten mit den Umlenkstangen sehr breit wird, auf 4,25 m zu erhöhen ist. Für Morsetische ordnet man zweckmäßig einen Ausbau des Raumes in der erforderlichen Länge an.

Die Höhe wird mit 2,80 m im Lichten ausreichend bemessen; selbst für sehr große Stellwerke genügen 3,10 m.

Wichtig ist es, beim Entwerfen auf die in den Stellwerkräumen unterzubringenden Einrichtungsstücke von vornherein Rücksicht zu nehmen, weil sonst leicht später unangenehme Überraschungen bei den knapp bemessenen Raumgrößen und beschränkten Wandflächen entstehen, namentlich auf die Batterie- und Kabelschränke sowie Fernsprecher und Morsetische. Aber auch die sonst erforderlichen Tische, Stühle, Kleiderrechen, Waschtische, Kocheinrichtungen sowie die Stellung der Öfen sind von vornherein zweckmäßig in die Grundrisse einzutragen. Ob eiserne oder Kachelöfen gewählt werden, ist gleich und von dem Ortsgebrauch abhängig; eiserne Öfen sollen durch einen Schirm so geschützt werden, daß ihre Ausstrahlung nicht einzelne Stellwerkteile zu stark erhitzt, wodurch Störungen eintreten können.

Sammelheizungen kommen außer in elektrischen Stellwerken nur bei großen Anlagen in Frage; die erforderlichen Räume finden im Unterbau ihren Platz.

## 3. Spannwerkraum.

Vom Stellwerkraum gehen die Drähte nach den Spannwerken, die meist senkrecht unter den Stellwerken ihren Platz finden. Um die Drähte ungehindert führen zu können, ist besondere Sorgfalt auf die Lage der Fußbodenträger des Stellwerkraumes zu verwenden, an deren Flanschen seitlich die Drähte ohne Berührung vorbeigehen müssen. In der Regel erhalten die Träger 1,25 m Abstand voneinander. Die gleiche Obacht ist bei der Schlitzöffnung in der Mauer für das Hinausführen der Drähte ins Freie zu verwenden. Hier werden die Drähte mittels Umlenkrollen zu den einzelnen Signalen und Weichen geleitet. Um die Lage der Umlenkrollen zu den Spannwerken unverrückbar zu erhalten und so Betriebsstörungen zu vermeiden, empfiehlt es sich, die für die Aufstellung der Spannwerke notwendige Fußbodenträgerlage außen nach Bedarf, meist wird 1,0 m genügen, vorstehen zu lassen und auf ihr die Rollen zu befestigen.

Die Länge des Spannwerkraumes richtet sich wieder nach der Zahl der Hebel; an einer Seite der Reihe soll mindestens 50 cm Durchgang und ebenso hinter den Spanngewichten ein 50 cm breiter Gang für Arbeiten an ihnen verbleiben. Die Höhe des Spannwerkraumes ist von der Art der Spannwerke abhängig, in der Regel genügen 2,50 bis 2,75 m. Der Raum unter dem Blockkasten kann vorteilhaft zur Entwicklung der Treppe, der sonstige Raum im Unterbau als Heizraum, Lampenputzstube oder dergl. Verwendung finden, wobei jedoch durchaus zu vermeiden ist, den Spannwerkraum als Durchgang zu benutzen. Ausreichende Tagesbeleuchtung für den Spannwerkraum ist unbedingtes Erfordernis.

Da der Spannwerkraum mit der Außenluft unmittelbar in Verbindung steht, so ist dafür zu sorgen, daß nicht zu viel kalte Luft aus ihm in den Stellwerkraum tritt. Zu diesem Zweck schließt man den für die Durchführung der Drähte in seinem Fußboden nötigen etwa 30 cm breiten Schlitz durch Bohlen, in denen für die einzelnen Drähte Löcher vorgesehen sind, die unter Umständen durch Watte oder Werg gedichtet werden.

## 4. Nebenräume für elektrische Stellwerke.

Bei elektrischen Stellwerken tritt an Stelle des Spannwerkraumes, falls diese Räume nicht bereits an anderer Stelle untergebracht sind, der Raum für den Umformer und der für die Sammler. Die Größen beider Räume sind verschieden und von der Größe des Netzes abhängig. Der Umformerraum enthält in der Regel die Schalttafel, die etwa 2,0 m hoch, 1,5 m breit in 1,0 m Abstand von der Wand aufgestellt wird. Der Sammlerraum muß von dem Umformerraum völlig geschieden sein. In ihm finden in Holzgestellen die Sammler ihren Platz; wegen der beim Laden entstehenden Gase ist für gute Lüftung des Raumes zu sorgen; ebenso sind alle Eisenteile, die durch die Gase angegriffen werden, möglichst durch Putz oder sorgfältigen Emailleanstrich zu schützen. Als Fußbodenbelag genügt, wenn immer sorgfältig beim Füllen aufgewischt wird, Linoleumbelag; besser sind Tonfliesen in Asphalt. Zementestrich wird durch die Säure zerstört.

## 5. Nebenanlagen.

Bei genügend hoher Lage des Stellwerkraums kann zwischen ihm und dem Spannwerkraum ein Zwischengeschoß eingerichtet werden, durch das die Spanndrähte in einem allseitig geschlossenen, etwa 30 cm breiten, Verschlag der aber mindestens auf einer Längsseite zugänglich sein muß, hindurchgeführt werden. Bei elektrischen Anlagen kann der Umformerraum in dies Zwischengeschoß verlegt werden.

Die Abortanlage soll, wenn möglich, in gleicher Höhe wie der Stellwerkraum liegen, damit der Wärter bei der Benutzung nur kurze Wege zurückzulegen hat, und dadurch die für die Beobachtung fortfallende Zeit nicht unnötig vergrößert wird. Bei Rangierstellwerken, wo mit größeren Betriebspausen in der Regel zu rechnen ist, können die Aborte auch im Unterbau angeordnet werden, immer müssen sie aber lüftbar und gut beleuchtet sein. Wenn möglich werden sie an eine Entwässerungsanlage angeschlossen, andernfalls werden sie zweckmäßig als Kübelaborte ausgebildet, die durch einen Deckel mit Gummidichtung geschlossen werden und leicht zu entleeren sind.

Der Zugang zu den hochgelegenen Stellwerkräumen erfolgt mittels Treppen, die nur bei geschützter Lage ungedeckt bleiben; sonst erhalten sie wenigstens ein Dach und mindestens an dem vor der Tür zum Stellwerkraum liegenden Teil auch geschlossene Seitenwände. An Breite genügen für offene Treppen 0,80 m, für eingebaute 1,00 m. Offene Treppen werden zweckmäßig in wetterbeständigen Baustoffen — natürlichen und künstlichen Steinen oder Ziegeln — ausgeführt, für innere Treppen genügt Holz mit oder ohne Linoleumbelag.

Der Austritt der Treppen in Gleishöhe ist, wenn angängig, seitlich anzuordnen; kann ein Austritt nach der Gleisseite hin nicht vermieden werden, so ist eine etwa 90 cm hohe nicht in den freien Raum hineinragende Schutzschranke von etwa 2,0 m Länge anzuordnen, um zu verhindern, daß versehentlich das Gleis betreten wird.

Als Steigungsverhältnis der Treppen genügt 18:28 cm. Wendelstufen sind möglichst zu vermeiden. Im allgemeinen legt man die Treppe auf die der Gleisseite gegenüberliegende Rückseite. Steht das Stellwerk zwischen Gleisen und muß nach beiden Gleisseiten der Ausblick gewahrt bleiben, so muß die Treppe an einer Schmalseite angeordnet werden, doch so daß auch hier die Aussicht möglichst wenig beeinträchtigt wird.

### 6. Lage und äußere Ausbildung.

Die Lage der Stellwerke ist durch die Entfernung von den Signalen und Weichen bedingt.

Blockstellen werden gern so angelegt, daß von ihnen aus die Überwegschranken gleichzeitig bedient werden können. Jedenfalls liegen die Stellwerksgebäude in der Mehrzahl weit abseits von Ortschaften. Darauf ist bei ihrer Ausbildung Rücksicht zu nehmen, die in einfachsten Formen zu halten ist, damit Ausbesserungen nach Möglichkeit eingeschränkt werden. Bei ihrer freistehenden Lage in der Landschaft sollen sie sich dieser gut einfügen, wozu die Verwendung der ortsüblichen Baustoffe und -formen geboten ist. Durch geeignete Farben, Wechsel von Putz mit Ziegel- und Schieferflächen wird es in der Regel unschwer zu erreichen sein, ihnen ein gefälliges Aussehen zu geben, wobei durch die großen Fensterflächen ihr Zweck sich schon im Äußeren bekundet. Wenn auch die Kosten der Stellwerkgebäude an sich verhältnismäßig hohe sind, bedingt durch die kleine Grundrißfläche zu den großen Außenwänden, so sind sie doch zu denen der ganzen Bahnanlage so gering, daß bei ihrer Lage an hohen Bahndämmen, die für die Landschaft so beherrschend ist, ein gewisser Aufwand berechtigt ist.

## C. Güterschuppen.

Den Empfangsgebäuden für den Verkehr der Reisenden entsprechen für die Abwicklung des Güterverkehrs, soweit es sich um totes Gut in einzelnen Stücken handelt, die Güterschuppen mit den dazu gehörigen Abfertigungsräumen.

### 1. Zweck, Größe und Form.

In den Güterschuppen sollen die einlaufenden und die zu versendenden Frachtstücke zeitweilig untergebracht werden, um sie gegen Wind und Wetter und gegen Diebstahl zu sichern, sie zu gemeinsamer Versendung für die verschiedenen Richtungen zu sammeln und zu ordnen oder umzuladen und bis zur Versendung oder bis zur Ausgabe an die Empfänger aufzubewahren.

Während auf kleinen Bahnhöfen für diesen Zweck gelegentlich schon die vorhandenen Gepäckabfertigungsräume oder ein Wagenkasten genügt, werden bei stärkerem Verkehr besondere Schuppen erforderlich, die dann in Verbindung mit den Stationsdiensträumen gebracht werden, entweder in unmittelbarem Zusammenhang und in gleicher Fußbodenhöhe oder durch einen Zwischenraum geschieden, der als Windfang und als Zugang für die Güterbodenarbeiter dient (Abb. 3). Ist ein Frachtverkehr, namentlich mit schwerem Gut, Maschinen u. dergl. zu bewältigen, so wird der Fußboden des Güterschuppens zweckmäßig in Höhe des Wagenbodens, etwa 1,12 m über Schienenoberkante, gelegt, um das Hinüberschaffen zu erleichtern.

Die enge Verbindung zwischen Empfangsgebäude und Güterschuppen hat bei großen Bahnhöfen jedoch den Nachteil, daß durch den starken Lastwagenverkehr der Zu- und Abgang der Reisenden erschwert wird. Man geht dann dazu über, den Güterschuppen völlig vom Empfangsgebäude zu trennen und mit eigener besonderer Zufahrt, der Ladestraße, zu versehen und ihm auch eigene Abfertigungsräume zu geben.

Eine getrennte Anlage des Schuppens kann auch empfehlenswert sein, wenn mit starkem Ausflug-, Arbeiter- oder Marktverkehr zu rechnen ist, bei dem man außer dem Durchgang durch das Empfangsgebäude an dessen Seiten besondere Ein- oder Ausgänge für den Massenverkehr vorsehen will.

Die Größe der Schuppen hängt von der Zahl und Art der Güter ab, von der Zugdichtigkeit und davon, ob es sich um einen Versandschuppen, einen Empfangs- oder einen Umladeschuppen handelt. Von Einfluß ist auch der für Karrbahnen, Wiegeplätze, Lademeisterbuden und verschließbare Abteilungen frei zu haltende Raum, der etwa $^2/_5$ der Gesamtfläche beträgt und bei kleinen Schuppen verhältnismäßig größer ist. In der Regel sind 10 bis 20 qm Grundfläche für jede Tonne Tagesgut zu rechnen, wobei die erste Zahl für Schwergut, z. B. Eisenwaren, die zweite Zahl für Leicht- und Sperrgut, wie Holzwaren, Wollwaren, landwirtschaftliche Maschinen als Grenzzahlen angenommen werden können. Man tut gut, die Anlagen auf $^5/_4$ des Durchschnittsverkehrs zu bemessen, weil erfahrungsgemäß der Verkehr an verkehrsreichen Tagen den Durchschnittsverkehr um 25 v. H. übertrifft. Auch die Zugdichtigkeit spielt insofern eine Rolle, als von ihr die Länge der Stapelung der Güter abhängt. Die Umladeschuppen werden im allgemeinen kleiner als die sonstigen Schuppen bemessen werden können, weil bei ihnen die dauernde Aufspeicherung auf das geringste Maß beschränkt werden kann, während die Empfangsschuppen wiederum größer als die Versandschuppen vorgesehen werden müssen, denn in ihnen werden die Güter immer längere Zeit und übersichtlich, d. h. nicht eng, zum schnellen Herausfinden aufgestapelt, liegen müssen, ehe sie von den Empfängern abgeholt werden, wogegen im Versandschuppen die Güter dichter gelagert und meist bald nach der Annahme in den Wagen verstaut werden können. Man kann damit rechnen, daß eine Annahmestelle 5 t in der Stunde leistet.

In allen Fällen ist bei Errichtung von Güterschuppen darauf Bedacht zu nehmen, daß sie ohne Schwierigkeit erweitert werden können.

Die Schuppen erhalten in der Regel rechteckigen Grundriß von 6 bis 8 m Breite bei kleinen, bis zu 20 m bei großen Anlagen. Größere Breiten vermeidet man wegen der damit verbundenen langen Querwege. Die Länge ergibt sich danach aus der erforderlichen Schuppengröße und zwar läßt man, da die Tore in der Regel in 9,00 m Abstand voneinander angeordnet werden sollen, die Schuppen um je $\frac{1}{2} \cdot 9 = 4{,}5$ m Länge zunehmen, dem für hölzerne Dachbinder üblichen Abstand. Schuppen über 120 m Länge werden unübersichtlich, über 200 m geht man nicht hinaus, weil dann die Wege zu lang werden und die Güterbodenarbeit verteuert wird. Sind größere Längen erforderlich, so teilt man zweckmäßig die Schuppen in solche für Versand, Empfang und Umladen und ordnet sie in entsprechenden Gruppen und Reihen hintereinander gleichlaufend mit den Gleisen an.

## 2. Bauliche Einzelheiten.

**a) Dächer.** Die Höhe der Güterschuppen schränkt man nach Möglichkeit ein, in der Regel genügt für die Längswände eine Höhe von 5 bis 6 m über Schienenoberkante. Sie hängt hauptsächlich von der gewählten Art der Überdachung ab. Diese soll auch die an beiden Seiten der Schuppen anzuordnenden Ladebühnen schützen, deren Breite bei kleinen Anlagen auf 1,0 m, bei großen bis zu 2,00 m anzunehmen ist, und außerdem 30 cm über Gleismitte hinausragen, um zu verhüten, daß bei Regen das Wasser auf den gebogenen Wagendächern nach dem Schuppen zu läuft und beim Be- oder Entladen der Wagen lästig wird.

Die Vorderkante der Ladebühne muß, um die Umgrenzung des lichten Raumes frei zu halten, 1,65 m von Gleismitte entfernt bleiben; es ergibt sich daraus ein Dachüberstand von 2,95 m bei 1 m breiter, von 3,95 m bei 2 m breiter Ladebühne. Die Unterkante des Sparrenkopfes muß 4,80 m über Schienenoberkante bleiben, sie ist daher in ihrer Lage völlig bestimmt und damit auch die Höhe der Schuppenwände durch die von der gewählten Eindeckungsart bedingte Dachneigung.

Die geringste Dachneigung 1 : 25 beansprucht Holzzementdach, doch erfordert es wegen seiner Schwere besonders starke Dachverbäude. Diese sind nicht erforderlich bei Doppelpappdach, das mit 1: 10 Neigung angelegt werden kann. Es ist die für Güterschuppen am häufigsten verwandte Eindeckungsart, während Ziegel- oder Schiefereindeckung wesentlich stärkere Neigungen bedingen und daher nur in seltenen Fällen zur Verwendung gelangen.

Zu beachten ist bei der Ausbildung des Dachüberstandes, daß auch die Rinnen und die meist in 18 m Abstand voneinander anzuordnenden Abfallrohre so geführt werden müssen, daß sie die Umgrenzung des lichten Raumes frei lassen. Die Abfallrohre werden zweckmäßig in ihrem unteren Teile als eiserne Rohre ausgebildet, um sie gegen Anstoßen durch Güter zu schützen, und aus dem gleichen Grunde auch in ausgesparten Mauerschlitzen verlegt.

Die gelegentlich ausgeführte Loslösung der Bühnenschutzdächer von dem Hauptdach und ihr Ersatz durch nach den Schuppen zu abfallende Dächer ist im allgemeinen nicht zu empfehlen, weil dann leicht bei Undichtigkeiten der Rinnen oder starken Regen- oder Schneefällen die Wände naß werden.

Die Schuppendächer selbst werden in einfachster Form in Holz auf hölzernen Stielen oder Stützen gebildet. Diese Stiele sind nicht nur nicht hinderlich, sondern sogar erwünscht, weil sie es erleichtern, die Güter nach den verschiedenen Verkehrsrichtungen in den durch die Stützen gegebenen Abteilungen übersichtlich zu stapeln. Als Beispiel eines hölzernen Schuppendaches diene Abb. 79. Die Stiele werden im unteren Teile bis auf 1,50 m Höhe zum Schutz gegen Beschädigungen mit Eisenblech beschlagen.

Eiserne oder Betondächer kommen nur dann in Frage, wenn es sich aus besonderen Gründen um unbedingte Feuersicherheit handelt, z. B bei Lagerung feuergefährlicher Gegenstände, oder wenn Wohnungen oder Räume für den dauernden Aufenthalt von Menschen unmittelbar an oder über den Schuppen vorzusehen sind. Auch dann wird man den feuerfesten Teil auf das unbedingt Gebotene einschränken wegen der dafür aufzuwendenden erheblichen Mehrkosten.

Von Einfluß auf die Ausbildung der Dachbinder ist auch der Verschluß der Tore. Erfolgt er durch eiserne Rolläden, so ist über dem Tor an der Innenseite genügender Platz für den Rollkasten und den festen unteren Schildteil des Rolladens zu lassen, während bei Schiebetoren außen eine 5,50 m breite Wandfläche bis zur Oberkante der Aufhängebügel der Tore von Klappstielen und Streben frei bleiben muß.

**b) Tore.** Die Tore der Güterschuppen sollen 2,50 m breit, 2,80 m im Scheitel hoch sein, bei kleinen Schuppen genügen 2 m zu 2,50 m. Sollen sie durch Schiebetore geschlossen werden, so ordnet man diese an der Außenseite

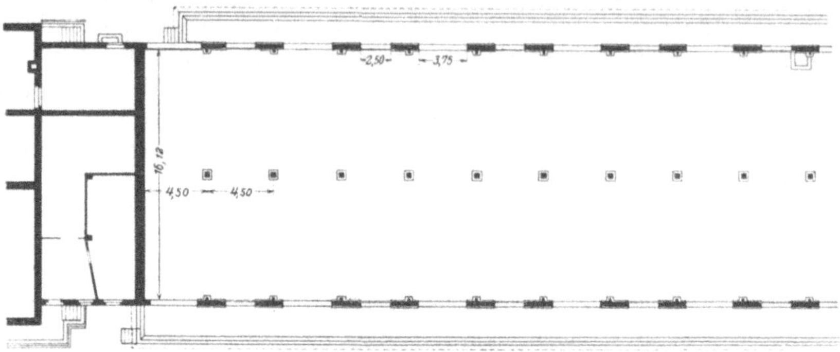


Abb. 78. Güterschuppen auf dem Ostbahnhof in Berlin.

der Schuppenwand an, damit die Innenwand zum Stapeln der Güter frei bleibt. Gegen Beschädigungen durch das Verkarren der Güter auf den Ladebühnen, denen sie bei dieser Lage sehr ausgesetzt sind, kann man sie etwas schützen, indem man sie in flache Nischen legt, so daß ihre Kanten nicht vorstehen. Die Tore sollen einbruchsicher sein und nicht ausgehängt werden können. Zu letzterem Zwecke schraubt man an die Torflügel oder Bügel der Laufrollen eiserne Winkel oder Führungsrollen dicht über den Laufschienen an. Bei der Anbringung der Laufschienen ist darauf zu achten, daß ihre Befestigungsstützen nicht die Bewegung der Laufrollen und der Hängebügel behindern. Die Tore werden meist aus 1 mm starkem Wellblech in eisernen Rahmen ausgebildet und der untere Teil der Tore zum besseren Schutz mit Brettern bekleidet.

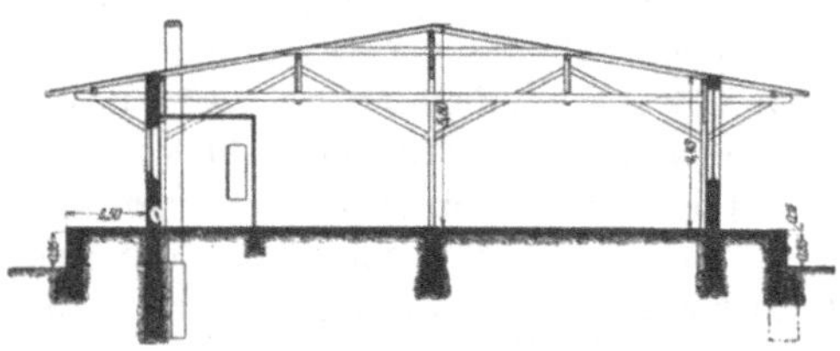

Abb. 79. Güterschuppen auf dem Ostbahnhof in Berlin. Querschnitt.

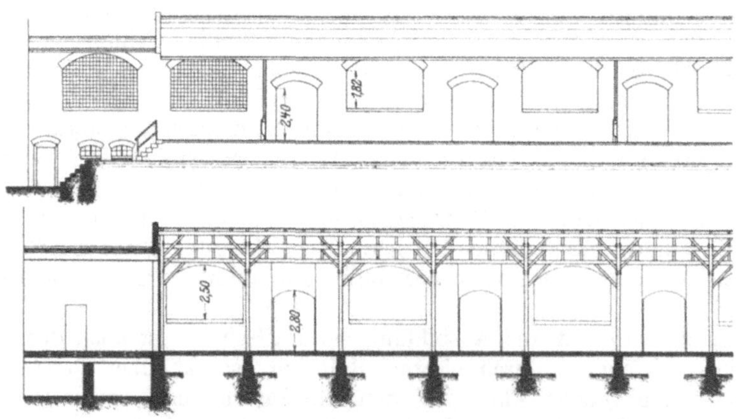


Abb. 80 u. 81. Güterschuppen auf dem Ostbahnhof in Berlin. Ansicht und Längsschnitt.

Zur unteren Führung der Tore dienen in den Fußboden eingelassene Schienen oder Rillen. Diese Schienen und Rillen geben jedoch leicht Anlaß zu Beschädigungen des Fußbodens gerade in den Toröffnungen, wo er am meisten beansprucht wird, weil die Karren beim Darüberfahren sie allmählich losrütteln. Dies wird vermieden bei Verwendung von Rolläden. Die Rolläden bestehen aus Wellblech an starken Ledergurten und erhalten zweckmäßig am unteren Ende eine 1 m hohe, 1 mm starke, durch Winkeleisen verstärkte feste Tafel, die so weit aufgewunden werden kann, daß die Tafel nicht in die Toröffnung hineinragt. Sie werden an der Innenseite der Schuppenwände in 7 cm tiefe Nischen gelegt und durch Riegelstangen verschlossen, die sich im Innern im oberen Teile der versteiften Tafel bewegen. Das Öffnen der Rolläden erfordert allerdings mehr Zeit als das der Schiebetore, was aber unbedenklich ist, weil sie nur bei Beginn oder bei Beendigung des Ladegeschäftes betätigt werden müssen; namentlich haben die Rollläden ihre großen Vorzüge gegenüber den Schiebetoren für die Beleuchtung der Schuppen.

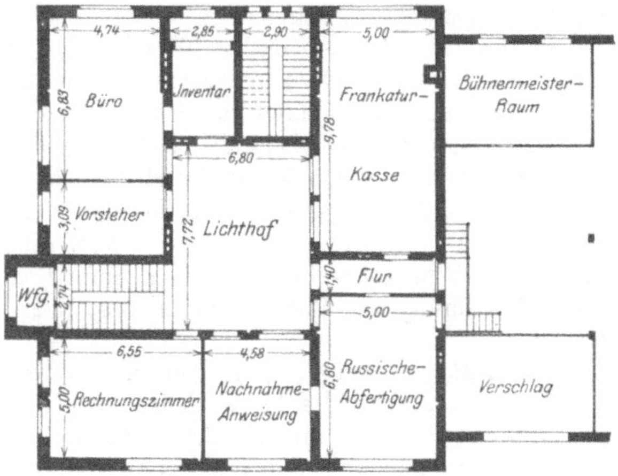


Abb. 82. Güterschuppen auf dem Ostbahnhof in Berlin. Grundriß des Abfertigungsgebäudes.

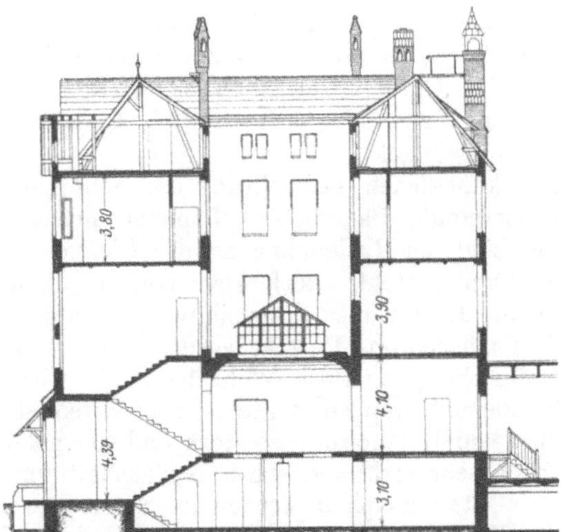


Abb. 83. Güterschuppen auf dem Ostbahnhof in Berlin. Querschnitt des Abfertigungsgebäudes.

**c) Beleuchtung.** Da die Schiebetore beim Öffnen die doppelte Wandfläche einnehmen, bleibt für Fensteröffnungen nur eine beschränkte Wandbreite verfügbar, während bei Rolläden die volle Wandfläche zur Verfügung steht; diese gestattet die Fensterflächen ausreichend groß zur reichlichen Erhellung des Schuppens d. h. auf etwa $^1/_8$ der Schuppengrundfläche auszubilden. Die Wirkung der Fenster wird wesentlich erhöht, wenn die Dachüberstände weiß gestrichen werden.

Die Fensterbrüstung ordnet man in 1,50 m Höhe an, um nicht Wandfläche zum Stapeln der Güter zu verlieren. Höher als 1,50 m werden die Güter im allgemeinen nicht gestapelt, weil sonst das Heraussuchen der einzelnen Stücke erschwert wird, auch die Gefahr besteht, daß die unteren Stücke durch die Last der darüberliegenden beschädigt werden.

Die Fenster sollen gegen Einbruch geschützt werden, entweder durch

Vergitterungen, oder indem die Fenster selbst eisernes Sprossenwerk in so enger Teilung, etwa 20:30 cm, erhalten, daß ein Einsteigen nicht möglich ist; vielfach werden sie auch mit Glasbausteinen fest zugemauert. Lüftungsöffnungen oder -flügel sind nicht erforderlich, weil durch die offen stehenden Tore genügend frische Luft zutritt; nur die Lademeister- usw. -Buden müssen Fenster mit Lüftungsflügeln erhalten.

Bei kurzen Schuppen bis zu 10 m Länge genügt es, wenn in einer Giebelfläche hinreichend große Fenster vorgesehen werden.

Ist, wie bei Verwendung von Schiebetoren, keine genügende Fensterfläche zu erzielen, so muß hohes Seitenlicht oder Oberlicht zu Hilfe genommen werden. Hohes Seitenlicht hat den Nachteil, daß die Schuppen sehr hoch werden. Um die Höhe zu beschränken, ordnet man die Schutzdächer der Ladebühne nach dem Schuppen zu fallend an, was aber den Nachteil hat, daß, wie schon erwähnt, sich leicht Schneesäcke bilden. Man kann hohes Seitenlicht auch gewinnen durch Anordnung von Dachaufbauten, was aber nur bei steilen Dächern möglich ist.

Oberlicht wird meist im First angeordnet, wobei die Glastafeln 1:4 Neigung erhalten müssen, um das Liegenbleiben von Schnee zu vermeiden. Die Verglasung erfolgt mit Drahtglas oder mit gewöhnlichem Glase; dann muß aber ein Drahtnetz darunter gespannt werden, um Beschädigungen durch herabfallende Scherben, etwa durch Hagel zerschlagener Scheiben, zu verhüten. Auf sorgfältige Abführung des Schweißwassers, dessen Herabtropfen die Güter beschädigen würde, ist besonders zu achten.

Die Oberlichte haben mit den hohen Seitenfenstern und den Giebelfenstern den Nachteil gemeinsam, daß die ungehindert eindringenden Sonnenstrahlen auf einzelne Güter, namentlich Eßwaren, von verderblichem Einfluß sind; ein dagegen öfter angewandtes Mittel, Anstrich mit Weißkalk, ist nur von geringer Wirksamkeit.

Zur künstlichen Beleuchtung der Schuppen wird am besten elektrisches Licht verwandt; Gas- oder Ölflammen müssen durch Drahtkörbe gesichert werden. Auf der Ladebühne an der Gleisseite sieht man, wenn Elektrizität zur Verfügung steht, Steckdosen vor, um Lampen anzuschließen, die nach Bedarf im Innern der Eisenbahnwagen aufgehängt werden.

**d) Fußböden und Unterkellerung.** Eine der schwierigsten Fragen beim Bau von Güterschuppen ist die Wahl des Fußbodens. Hölzerne Fußböden kommen nur für kleine Schuppen in Frage; in größeren ist die Abnutzung, auch bei Verwendung von Harthölzern, so stark und so ungleich, daß das Karren auf ihnen allmählich sehr erschwert wird. Gußasphalt und — wenn auch in geringerem Grade — Stampfasphalt werden im Sommer weich und dann beim Befahren mit den Karren zusammengefahren, so daß der Fußboden ebenfalls rauh und uneben wird und so wiederum das Karren erschwert. Man hat versucht, dem durch Anlage sogenannter Karrbahnen abzuhelfen, das sind 1,50 m breite, 5 mm starke eiserne Platten, die sauber aneinandergestoßen verlegt werden und streifenweise den Schuppen der Länge und Quere nach durchziehen; oder man verwendet, um ein Ausgleiten der Arbeiter auf den glatten Platten zu verhüten, auch nur schmale, etwa 20 cm breite Blechstreifen, die in Radabstand verlegt werden. Die Karren sind dann auf ganz bestimmte Wege angewiesen, was aber für die Förderung des Karrgeschäftes nicht günstig ist. Aus diesen Gründen ist ein Fußboden vorzuziehen, der die Karrbahnen entbehrlich macht; als solcher hat sich der Zementestrich erwiesen. Allerdings nützt sich gewöhnlicher Zementboden ebenfalls zu schnell ab, er muß durch Beimischen von Basaltgrus oder von Eisenfeilspänen, etwa 8 kg auf das qm, widerstandsfähiger gemacht werden. Eine zu Anfang leicht auftretende starke Staubentwicklung ist belanglos und verliert sich sehr schnell, sobald die oberste Zementschicht abgefahren ist. Es muß Vorsorge getroffen werden, daß keine Ausdehnungsrisse eintreten, weswegen es sich empfiehlt, von vornherein 1 mm starke Fugen, die man mit Winkeleisen einfaßt, in etwa 18 m Abstand, am besten an einer Torkante durchgehend, vorzusehen. Auch Einlagen von Drahtnetzen haben sich bewährt. Erforderlich ist ferner ein guter Unterboden. Ist nicht genügend Sicherheit gegen nachträgliches Setzen des Unterbodens vorhanden, so muß er durch Trägerlagen oder Eisenbetonbalken in seiner Lage erhalten werden.

Der Fußboden wird innen im Schuppen und außen auf den Ladebühnen einheitlich durchgeführt mit 1:200 Quergefäll nach außen. Stellen, die zum Stapeln feuchter Gegenstände, wie von Seefischen oder Häuten dienen, erhalten möglichst einen besonderen Entwässerungsanschluß. Auch kann man Lattenroste vorsehen, um empfindliche Güter gegen Feuchtigkeit noch besonders zu schützen.

Eine Unterkellerung der Güterschuppen empfiehlt sich nur bei kurzen Schuppen; bei langen Schuppen wird die Zugänglichkeit der mittleren Kellerräume zu unbequem wegen des Lastwagenverkehrs vor der Ladebühne. Eine beschränkte Zahl von Kellerräumen ist für die Lagerung empfindlicher Güter, wie Wild, und für Stationszwecke, für die Unterbringung von Kohlen usw. meist erwünscht. Man ordnet sie an dem freien Giebelende oder im Zusammenhang mit der Unterkellerung eines etwa anschließenden Abfertigungsgebäudes, an. Die Kellerdecken müssen mit 800 bis 1000 kg Nutzlast für das qm, je nach der Art des vorwiegend abzufertigenden Gutes, berechnet werden. Es empfiehlt sich, die Ladebühnen mit zu unterkellern, da dann der Lichteinfall durch die in der vorderen Flucht der Rampenmauern anzuordnenden Fenster günstiger wird, als wenn die Fenster sich in der Flucht der Längswände des Schuppens im Schatten der Ladebühnen befinden.

Auch wenn der Schuppen nicht unterkellert wird, empfiehlt es sich, den Raum unter den Ladebühnen nicht hohl zu lassen, sondern vorn durch eine Rampenmauer zu schließen, um zu vermeiden, daß unter den Bühnen Schmutzwinkel entstehen. Die oberen Kanten der Bühnen werden durch 7 cm breite Winkeleisen gesichert, die bündig mit dem Fußboden verlegt werden. An der Straßenseite empfiehlt es sich, in Höhe der Achsbuchsen der Fuhrwerke eine etwa 30 cm breite eichene Schutzbohle mit versenkten Bolzenköpfen anzuordnen, damit die Rampenmauern nicht durch die anfahrenden Wagen beschädigt werden.

Die Höhe der Ladebühne an der Straßenseite richtet sich nach den ortsüblichen Fuhrwerken und beträgt meist 0,90 bis 1,00 m; dementsprechend ist das Straßenpflaster anzulegen.

**e) Wände und Nebenanlagen.** Die Wände der Güterschuppen werden bei kleinen oder vorübergehenden Anlagen, z. B. bei Anlagen für Ausstellungszwecke, in Fachwerk mit Ausmauerung oder Verbretterung, bei größeren Anlagen besser in Stein ausgeführt. Bei Ausführung in Ziegeln genügt in der Regel 1½ Stein Wandstärke. Werden Verstärkungspfeiler erforderlich, so sind sie, um das Karren auf den Ladebühnen nicht zu behindern, nach innen zu legen. Bei Fachwerkwänden oder bei innerem Putz, z. B. auf Bruchsteinmauerwerk, empfiehlt es sich, bis auf 1,50 m Höhe im Innern eine Reihe von wagerechten Schutzbohlen anzuordnen, um Beschädigungen durch anprallende Güter zu vermeiden. Auch auf der Außenseite empfiehlt sich die Anbringung derartiger Schutzbretter, doch genügt hier eine geringere Höhe, etwa 1,00 m. Auf ihre Anordnung ist bei Anbringung von Schiebetoren Rücksicht zu nehmen. Bei der Ausbildung der Wände sind möglichst alle vorspringenden Ecken und Kanten zu vermeiden und, soweit sie nicht zu umgehen sind, wie bei den Toren, durch Eisenwinkel, abgerundete Werkstücke oder Eisenklinker zu schützen. Im Innern werden die Wände ebenso wie die Decken weiß gestrichen.

Eine Heizung der Güterschuppen ist nicht erforderlich, dagegen müssen die Lademeisterbuden mit Öfen versehen werden. Für die Kleistertöpfe zum

Bekleben der Güter sind zur Verhütung von Schuppenbränden feste Brenner vorzusehen, die nicht umfallen können.

Die mehrfach erwähnten Lademeisterbuden werden in der Regel an der Straßenseite der Schuppen vorgesehen; sie erhalten etwa 8,0 qm Grundfläche, Holz- oder Linoleumfußboden und allseitig Fenster, damit der Schuppen leicht von ihnen aus überwacht werden kann. Für je etwa 70 m Schuppenlänge genügt in der Regel eine Bude. Neben den Buden werden die Wagen aufgestellt, so daß ihre Wiegebrücken etwa 5 cm gegen den Fußboden vorstehen. Es wird dadurch vermieden, daß lange, sich durchbiegende Gegenstände beim Verwiegen den Boden berühren. Die Kanten der für die Wagen auszusparenden Gruben werden mit Winkeleisen eingefaßt; die Gruben selbst erhalten zur Ableitung des in sie beim Reinigen der Schuppen eindringenden Wassers Sickerlöcher oder sonstige Ableitungseinrichtungen. Als Wagen kommen neuerdings fast nur Federwagen zur Verwendung, weil ihre Bedienung am schnellsten geht. Man stellt die Wagen etwa unter einem Winkel von 60° geneigt zur Schuppenwand auf, so daß die vordere Spitze der Hinterkante der Wiegebrücke etwa 30 cm in die Toröffnung vorspringt und ihre hintere Spitze 3,00 m von der Wand entfernt ist. Je 2 Wagen werden einander zugekehrt an 2 benachbarten Toren aufgestellt. In der Regel genügt es alle 18 m Wagen anzuordnen.

Kommt häufig Schwergut zur Versendung, namentlich bei Verladung in offenen Güterwagen oder Lastwagen, so empfiehlt sich neben den Ladetoren die Aufstellung drehbarer Lastkrane, die mit einer die zulässige Belastung angebenden Aufschrift zu versehen sind, und die mit der Hand, durch Druckwasser oder sonstwie betätigt werden.

Um die Behandlung der Güter zu beschleunigen hat man neuerdings Einrichtungen, namentlich bei Umladeschuppen, getroffen, bei denen die einzelnen Güter durch Greifer oder Wagen gehoben und abgesetzt und auf Hänge- oder Rollbahnen befördert werden[1]).

Von sonstigen Einrichtungen sei außer etwa notwendigen Lattenverschlägen für überzählige Güter, Wagendecken und Leinen oder dergl. noch die Aufhängevorrichtung zum Trocknen feuchter Wagendecken erwähnt; sie besteht aus einer Reihe von Stangen von der Länge der Deckenbreite, die in einem eisernen Gestell so angebracht sind, daß mittels Seil und Rollen jede einzelne Stange herniedergelassen und aufgezogen werden kann.

Zur Sicherung gegen Feuersgefahr ordnet man außen in etwa 50 m Abstand voneinander Wasserstöcke mit Schlauchverschraubung an; außerdem empfiehlt es sich, für die Arbeiter im Schuppen selbst Waschbecken einzubauen.

## 3. Diensträume.

**a) Abfertigung.** Im Anschluß an die Güterschuppen werden in der Regel die Abfertigungsräume angeordnet.

Bei kleinen Anlagen erfolgt die Abfertigung meist durch die Fahrkartenverkaufsbeamten. Über die Anordnung eines zweiten Schalters in diesem Falle vgl. die entsprechende Stelle bei der Besprechung der Empfangsgebäude (S. 27). Bei größeren Anlagen trennt man die Abfertigung vom Fahrkartenverkauf; sie besteht dann in der Regel aus einem Raum, in dem die Vorprüfung der Frachtbriefe erfolgt und der sich mit mit Schaltern nach einem Warteraum für die Verfrachter öffnet, und einem Abfertigungsraum mit danebenliegender Stationskasse, ebenfalls mit einem oder mehreren Schaltern nach dem Warteraum. Der Kassenraum erhält einen eingebauten feuersicheren Kassenschrank. Meist ist noch ein besonderer Raum für den Vorsteher erwünscht, ferner ein Raum für auszubildende Beamte und ein Raum für die Bestätter.

---

[1]) Näheres darüber siehe Zentralblatt d. Bauverwaltung 1912 und 1913.

**b) Aufenthaltsräume.** Die Räume für die Arbeiter legt man entweder in den Verbindungsbau zwischen Güterschuppen und Empfangsgebäude (Abb. 3) oder man ordnet sie unterhalb der Abfertigungsräume an, deren Fußboden dann etwa 1,00 m höher als der des Schuppens gelegt wird, eine Anordnung, die sich durchaus bewährt und keinerlei Bedenken hat. Zur Verbindung mit dem Schuppen wird dann eine Treppe offen in ihn hineingebaut. Die Arbeiterräume erhalten von außen eine besondere Zugangstreppe und bestehen aus Aufenthaltsraum, Küche und Waschraum; ist Wasserspülung vorhanden, so können auch die Aborte im Keller vorgesehen werden, wobei für je 15 Arbeiter etwa 1 Sitz zu rechnen ist. Die Aborte für Kutscher und sonstige Geschäftsbedienstete trennt man zweckmäßig von den Arbeiteraborten, ebenso die für die Beamten; unter Umständen kann auch noch für weibliche Beamte eine besondere Anlage erforderlich werden. Die Beamtenaborte werden zweckmäßig von den Abfertigungsräumen aus erreichbar angelegt.

Die übrigen Kellerräume verwendet man zur Lagerung von Geräten, Altpapier, Kohlen oder im Bedarfsfalle zur Unterbringung der Sammelheizung.

Über den Abfertigungsräumen kann man Wohnungen einrichten, die dann durch eine besondere Treppe ohne Berührung der Diensträume zugänglich gemacht werden müssen. Zweckmäßig erhält der Gütervorsteher im Abfertigungsgebäude eine Wohnung, um ihm die Überwachung des Dienstes und des Schuppens — auch zur Nachtzeit — zu erleichtern. Über die feuersichere Ausbildung des anstoßenden Schuppenteiles in diesem Falle vgl. S. 53. Für die Wohnungen gelten dieselben Grundsätze wie sonst für die Einrichtung von Dienst- und Mietwohnungen (vgl. Abschnitt IV D).

### 4. Äußere Ausbildung.

Die äußere Ausbildung der Güterschuppen ist durch den Zweck gegeben; alle überflüssigen Zutaten, Vor- und Rücksprünge sind fortzulassen; immerhin wird sich durch Wechsel der Baustoffe und Farben auch bei ihnen eine die Landschaft nicht störende Wirkung erzielen lassen. Eine reichere Gestaltung kann mit geringem Aufwand bei den Abfertigungsgebäuden gewonnen werden; auch bei ihnen ist aber in der Regel einfachste Formengebung das Gebotene.

## D. Lokomotivschuppen.

### 1. Allgemeine Anordnung und Form.

Die Lokomotivschuppen bilden einen sehr wichtigen Teil der Betriebsbauten. In ihnen werden die Maschinen am Ende ihrer regelmäßigen Tagesarbeit gereinigt, nachgesehen, geputzt, geschmiert und angeheizt und so zur neuen Fahrt vorbereitet. Auch kleine Ausbesserungen, die ohne besondere Arbeitsmaschinen ausgeführt werden können, werden in den Schuppen vorgenommen, während größere Schäden zu beseitigen den Betriebswerkstätten vorbehalten bleibt. Ebensowenig wird in den Schuppen die erste gröbere Reinigung, das Entschlacken des Feuers und das Leeren des Aschkastens und der Rauchkammer sowie die Fertigstellung zum Dienst, das Übernehmen von Kohlen und Wasser, vorgenommen; hierzu dienen vielmehr außerhalb der Schuppen gelegene Löschgruben, Kohlenbühnen und Wasserkrane.

Aus ihrem Zweck ergeben sich die an die Schuppen zu stellenden Forderungen; sie sollen die Maschinen und die an ihnen beschäftigten Arbeiter gegen Witterungseinflüsse schützen, so daß die Reinigung und die Untersuchung möglichst bei guter Beleuchtung und Luft vorgenommen werden können.

Zunächst ist dazu erforderlich, die Größe des Schuppens festzustellen. In der Regel, bei Tag und Nachtbetrieb der Bahn, wird es genügen, für drei Viertel der einem Bahnhof zugewiesenen Maschinen Unterkunft zu schaffen. Fällt der Nachtdienst fort, so muß Platz für sämtliche Maschinen vorhanden sein. Ferner hängt die Größe von der Art der Maschinen ab. Während Tendermaschinen etwa 12 m lang sind, steigt dies Maß bei Güterzugmaschinen mit Tender auf etwa 17 m, bei Schnellzugmaschinen auf 19 m und mehr, wovon etwa 7 m auf den Tender entfallen, so daß in jedem einzelnen Falle eine genaue Ermittlung der betreffenden Lokomotivgröße vorausgehen muß.

a) **Rechteckschuppen.** Die einfachste Form des Lokomotivschuppens ist der Rechteckschuppen, in dem die Maschinen neben- und hintereinander auf Gleisen stehen, deren jedes eine unmittelbare Toreinfahrt gestattet. Erfolgt diese Einfahrt nur auf einer Seite, so sollen höchstens 2, erfolgt sie auf beiden Seiten, so sollen höchstens 4 Maschinen auf einem Gleis untergebracht werden. Die günstigste Anlage ist naturgemäß, wenn für jede Lokomotive ein eigenes Tor vorhanden ist, durch das sie ohne Umstellen einer anderen ein- und ausfahren kann. Die Einfahrt zu den einzelnen Gleisen erfolgt mittels einer Weichenstraße, deren Länge um so größer wird, je mehr Gleise nebeneinander liegen, wodurch wieder ein beträchtliches Gelände beansprucht und der Weg für die Maschinen verlängert wird. Man ordnet daher selten mehr als 3 Gleise an, so daß ein einfacher Rechteckschuppen mit beiderseitiger Einfahrt für eine Höchstzahl von $3 \cdot 4 = 12$ Maschinen ausreichen würde. Wächst die Zahl der Maschinen, so ordnet man in dem Schuppen eine oder mehrere Schiebebühnen an. Auf jedem an eine Schiebebühne anschließenden Gleis können dann wieder zwei, auf einem an zwei Schiebebühnen anschließenden, vier Maschinen aufgestellt werden. Die Zahl der Gleise unterliegt dann nur der Beschränkung, daß bei zu großer Zahl die Wege der Schiebebühne sehr lang werden und damit auch die für die Ein- und Ausfahrt der Maschinen erforderlichen Zeiten. Ebenso kann die Zahl der Schiebebühnen beliebig gesteigert werden unter dem Vorbehalt, daß für jede Schiebebühne eine besondere Einfahrt geschaffen wird, so daß die Anzahl der in einem Rechteckschuppen mit Schiebebühnen untergebrachten Lokomotiven unbeschränkt ist, ein Vorteil, den keine andere Form der Lokomotivschuppen hat.

Um die Weichenstraßenlänge einzuschränken, kann man bei den einfachen Rechteckschuppen im Hauptzufahrtgleise eine Drehscheibe einbauen, wodurch aber wieder, wie durch die Schiebebühne, die Bewegung der Maschinen verlangsamt wird.

Auch ist die Drehscheibe nur bei einer beschränkten Zahl der Gleise anwendbar, weil bei einer größeren die Krümmungen in den zum Schuppen führenden Gleisen zu stark werden. Will man diese vermeiden, so kann man den Rechteckschuppen in einem zur Drehscheibe gleichlaufenden Kreise schwingen, es entsteht dann der Ringschuppen.

b) **Ringschuppen.** Die Ringschuppen haben gegenüber allen anderen Formen den Vorteil, daß sie entsprechend der Zunahme des Betriebes leicht vergrößert werden können, daher zu Anfang nur für die unbedingt erforderliche Zahl von Lokomotiven angelegt zu werden brauchen. Doch soll die Zahl der Lokomotiven in einem Ringschuppen nicht mehr als 30 betragen, weil die Bedienung der Drehscheibe bei größerer Zahl schwierig wird. Sind mehr Stände erforderlich, so baut man zwei Ringschuppen nebeneinander oder zwei aneinander stoßende, durch ein gerades Stück verbundene Viertelkreise mit 2 Drehscheiben. In dem Ringschuppen werden die Maschinen entweder einzeln oder zu zweien hintereinander aufgestellt. Je kleiner dabei der Winkel ist, den die einzelnen Gleise miteinander bilden, desto weniger unnötiger Raum wird für die Aufstellung der Maschinen erforderlich, desto größer wird aber dabei der Halbmesser des Schuppens und der Abstand vom Mittelpunkt der Drehscheibe, weil Schienenkreuzungen auf der Drehscheibe wegen der Entgleisungsgefahr vermieden werden. Die große Länge der Strahlengleise bei den Ringschuppen bedingt wiederum eine große Geländefläche, wodurch die Anlage verteuert wird.

**c) Kreisschuppen.** Diese Geländefläche wesentlich einzuschränken gelingt bei Verwendung der Kreisschuppen, wobei die Drehscheibe überbaut wird. Die Kreisschuppen haben den Nachteil, daß sie nur dadurch vergrößert werden können, daß ein Teil der Gleise unter Hinausschieben der Außenwand nach rückwärts verlängert und zur Aufstellung zweier Maschinen hintereinander eingerichtet wird. Diese Vergrößerung der Kreisschuppen ist aber nur für eine geringe Gleiszahl möglich, weil sonst die Belastung der Drehscheibe wieder zu groß wird. Im allgemeinen richtet man die Kreisschuppen für höchstens 25 Maschinen ein.

Unter besonderen Verhältnissen kann eine Vereinigung mehrerer Kreisschuppen in Frage kommen[1]).

## 2. Wirtschaftliche Erwägungen.

Bestimmend für die Wahl der Schuppenform sind neben der Erweiterungsfähigkeit die Form und Lage des Bauplatzes und die Bau- und Betriebskosten.

Wie schon erwähnt, ist die Erweiterungsfähigkeit bei Ringschuppen am günstigsten, bei Kreisschuppen am ungünstigsten; Kreisschuppen sind also daher nur zu empfehlen, wenn die Zahl der Lokomotiven feststeht und eine Zunahme nicht zu erwarten ist. Würde man die Kreisschuppen für eine künftige Vermehrung einrichten, so würden sie, weil sie gleich in der ganzen Größe errichtet werden müssen, überflüssige Abmessungen erhalten. Rechteckschuppen lassen sich verhältnismäßig leicht erweitern; man führt die Erweiterung aber in der Regel in ganzer Schuppenbreite oder doch für mehrere Stände zusammen aus, während bei Ringschuppen eine Erweiterung auch um nur einen Stand ohne weiteres möglich ist.

Dagegen ist der Kreisschuppen am Platze, wenn das Gelände beengt ist, zumal er unabhängig von der Gleislage ist. Auch die Ringschuppen schmiegen sich mittels der Drehscheibe gut dem Gelände und der Gleislage an, erfordern aber wie schon erwähnt wegen der großen Länge der Strahlengleise einen großen Bauplatz. Dagegen ist der Rechteckschuppen zwar sehr an die Richtung der Gleislagen gebunden, bietet jedoch eine sehr gute Platzausnutzung.

Die Baukosten setzen sich zusammen aus den Kosten für den Grunderwerb, die Einebnung, die Gründung, die Gleisanlagen einschließlich der Weichen- und Gleisüberschneidungen, die Schiebebühnen und Drehscheiben, die Zahl der Tore, die Arbeitsgruben, die Ent- und Bewässerung und dem eigentlichen Bau.

Die Standfläche ist am kleinsten, die Ausführung am einfachsten und damit die Bausumme am niedrigsten bei den einfachen Rechteckschuppen. Die Anlagekosten steigen bei den Recheckschuppen mit Schiebebühne, weil diese mit überbaut werden muß, wenn auch die Zahl der Tore und die Länge der Umfassungsmauern auf den Stand bezogen geringer wird. Ebenso werden die Anlagekosten bei den Kreisschuppen durch die Überbauung der Drehscheibe erhöht, wozu noch die Verbreiterung der einzelnen Stände nach der Außenwand hinzutritt. Diese Vergrößerung der Standfläche ist ebenfalls, wenn auch in geringerem Maße, bei den Ringschuppen vorhanden, bei denen jedoch eine Verbilligung dadurch eintritt, daß die Drehscheibe nicht überbaut wird.

Die Betriebskosten zerfallen in die Kosten für Bedienung und Unterhaltung der Gleise, Drehscheiben, Schiebebühne und Tore, für die Heizung und für die Überwachung der Arbeiter.

---

[1]) Vgl. Zentralblatt der Bauverwaltung 1907, Nr. 45.

Die Unterhaltungskosten verringern sich bei Überbauung der Drehscheiben und Schiebebühnen, wie dies der Fall ist bei den Kreisschuppen und Rechteckschuppen, ebenso erfordert die Heizung geringen Aufwand bei Kreisschuppen, bei denen meist nur ein Tor vorhanden ist, und bei Rechteckschuppen, während sie bei Ringschuppen wegen des durch die große Zahl der Tore entstehenden Wärmeverlustes wesentlich höhere Kosten bedingt. Die Kosten für die Heizung lassen sich erheblich herabmindern bei Anlage von Drosselklappen in den einzelnen Rauchfängen, die auch bei der Sammelrauchabführung üblich ist. Bei der Sammelrauchabführung wird in der Regel überhaupt von einer Heizung abgesehen werden können.

Die Überwachung der Arbeit gestaltet sich um so billiger, je übersichtlicher die Schuppenanlage ist. Auch hierin ist der Kreisschuppen die vorteilhafteste, der Ringschuppen die ungünstigste Grundrißform

Besondere Lüftungsanlagen sind in der Regel, namentlich bei gemeinsamer Rauchabführung, nicht erforderlich; es genügt in den seitlichen Wänden der Dachlichtaufbauten Klappen zum Öffnen nach Bedarf zur Abführung von Rauch und Wasserdampf anzubringen, und zwar kann man 4 bis 5 qm Lüftungsfläche für jeden Stand rechnen, doch so, daß, wenn die Klappen auf einer Seite wegen des Windes geschlossen werden müssen, auf der anderen Seite die angegebene Fläche verbleibt.

## 3. Bauliche Einzelheiten.

**a) Allgemeines.** Welche Form und Größe auch gewählt werden mag, stets ist bei Anlage der Schuppen der § 60[1] der technischen Vereinbarungen des Vereins deutscher Eisenbahnverwaltungen 1909 zu beachten, der vorschreibt, daß im Schuppen für jede Lokomotive so viel Raum vorhanden sein soll, daß man bequem an allen Seiten derselben arbeiten kann. Dazu ist nötig, daß von der Stirnwand, der Drehscheibe oder der Schiebebühne die einzelnen Lokomotiven 2,00 m und unter einander 0,60 m Abstand halten, und daß die gleichlaufenden Gleise voneinander 5,00 m und von der Schuppenwand 3,50 m abbleiben. Bei den zusammenlaufenden Gleisen der Kreis- und Ringschuppen muß zwischen den einzelnen Maschinen ein Durchgangsraum von 0,50 m verbleiben. Für die Maschinen ist durch die Eisenbahn-Bau- und Betriebsordnung eine Höchstbreite von 3,15 m zugelassen; bei Ringschuppen ist dies Maß infolge der vorgeschriebenen Torgröße stets vorhanden; bei den Kreisschuppen ist bei der Festlegung des Gleiswinkels aber darauf sowie auf etwaige Stützenstellungen Rücksicht zu nehmen. Bei Kreisschuppen ist die Gleislage zudem bestimmt dadurch, daß für die Drehung der Maschinen zwischen gegenüberliegenden Ständen 1,50 m freier Raum über die Drehscheibengröße hinaus vorhanden sein soll; die gesamte Durchmessergröße eines Kreisschuppens ist daher der Drehscheibendurchmesser $+$ doppelte Maschinenlänge $+ 2 \cdot 1{,}50 + 2\ (2 + 2)$, in der Regel 61 bis 69 m.

Der gleiche Abstand von 1,50 m gilt auch für die Stützen bei Drehscheiben und Schiebebühnen, deren Länge in der Regel 20 m und 16,20 m beträgt, so daß ein freier Raum von 23 m und 19,20 m entsteht.

Als Mindestbreite für einen Rechteckschuppen ergibt sich aus diesen Maßen für einen eingleisigen Schuppen 7 m, für einen zweigleisigen 12 m, für einen dreigleisigen 17 m. Legt man eine Lokomotivlänge von 19 m zugrunde, so ergibt sich für einen Stand eine Länge von 23 m, für zwei Stände hintereinander 42,60 m, für drei Stände 62,20 m, für vier Stände 81,80 m.

**b) Arbeitsgruben und Fußboden.** Um an den unter den Maschinen liegenden Teilen zwischen den Rädern arbeiten zu können, ist es nötig unter ihnen Arbeitsgruben von 1,20 m oberer lichter Weite und 1,00 bis 1,15 m Tiefe unter Schienenoberkante anzulegen, in die an beiden Enden Treppen hinunterführen, deren oberste Stufe 0,50 m über die Lokomotivlänge hinausragt, damit man in die Grube hineingelangen kann, auch wenn Maschinen darauf stehen. Die Grubenlänge ist also zwischen den oberen Stufen 1,00 m länger als die Lokomotive, bei 19 m Lokomotivlänge also 20,0 m, bei 2 Lokomotiven hintereinander $2 \cdot 19{,}0 + 0{,}60 + 1{,}00 = 39{,}60$ m, bei 3 Lokomotiven hintereinander $3 \cdot 19 + 2 \cdot 0{,}60 + 1{,}00 = 59{,}20$ m und bei 4 Lokomotiven hintereinander $4 \cdot 19 + 3 \cdot 0{,}60 + 1{,}00 = 78{,}80$ m.

45 cm unter der Oberkante der Grube ordnet man nach innen vorspringend an den Längsseiten der Gruben einen 9 cm breiten Absatz mit Abwässerung an, um Standbohlen auflegen zu können, von denen aus die höher liegenden unteren Lokomotivteile gereinigt werden können. Unter diesem Absatz sieht man Aussparungen von 40 cm Höhe und 10 cm Tiefe auf beiden Seiten zur Unterbringung der Heizrohre vor, die man zweckmäßig mit bündig in der Grubenwand liegenden durchbrochenen und aufklappbaren Schutzgittern abschließt, um die Rohre gegen Beschädigungen zu sichern. Der Grubenboden erhält einseitiges Quergefälle mit seitlicher etwa 10 cm tiefer, 20 cm breiter Rinne, damit die Arbeiter nicht im Nassen stehen, außerdem Längsgefälle 1 : 200, in der Regel nach dem Rauchfang hin ansteigend, um zu verhindern, daß Ascheablagerungen den Wasserabfluß hemmen. Aus den Gruben fließt das Wasser in 60 bis 70 cm breite Sammelkanäle mittels kurzer 20 bis 30 cm unter Grubenboden liegender Tonrohrleitungen von 20 bis 30 cm Durchmesser, vor denen man 50/50 cm große, 30 bis 40 cm tiefe Schlammfänge anordnet mit aufklappbaren in Höhe des Grubenbodens liegenden Gittern, die selbsttätig zufallen. Der Sammelkanal wird, um jederzeit leicht an ihn zur Reinigung heranzukönnen, im Innern der Schuppen angeordnet und mit Bohlen oder eisernen Riefelplatten in Höhe des Schuppenfußbodens abgedeckt. In der Regel wird er vor das Kopfende der Gruben an die Außenwand gelegt, wo seine Anlage nicht durch darüberliegende Gleise behindert wird. Bei sehr langen Schuppen, namentlich Rechteckschuppen, wo einseitiges Längsgefälle der Arbeitsgruben eine sehr tiefe Lage der Sammelkanäle bedingen würde, kann man sie auch quer unter die Mitte der Arbeitsgruben verlegen, die dann dorthin von beiden Seiten her Längsgefälle erhalten. Die Sohle der Sammelkanäle erhält 1 : 100 bis 1 : 120 Längsgefälle. Sie soll, um Rückstauungen zu vermeiden, etwa 20 cm unter der Mündung der von den Arbeitsgruben her führenden Rohre liegen. In der Regel empfiehlt es sich, in ähnlichen Aussparungen wie die für die Heizrohre in den Wänden der Arbeitsgruben in den Wänden der Sammelkanäle die 150 bis 160 mm weiten Hauptzuflußrohre der Wasserzuführung zu verlegen. Wenn möglich, schließt man auch die Achswechselgruben an die Sammelkanäle an; ist das wegen mangelnder Vorflut nicht zu erreichen, so genügen Sickerschächte.

Die Achswechselgruben, die bei Schuppen über 15 Stände etwa angeordnet werden, dienen zur Auswechslung einzelner Achsen, indem in einem quer unter den Ständen durchgehenden, 2,80 m breiten, 2,60 m tiefen Kanal, nachdem die Schienen in Länge des Raddurchmessers bei Seite geschoben sind, mittels Winden die zu entfernende Achse hinuntergelassen und dort auf einer Drehscheibe gedreht wird; das Räderpaar wird dann in der Grube auf den Nachbarstand gerollt, dort wieder gedreht und mit Winden emporgehoben; in der umgekehrten Reihenfolge wird die neue Achse eingeführt und der Boden an der Stelle, die zum Durchführen der Achsen dient, wieder durch Bohlen auf fortnehmbaren Lagerhölzern geschlossen. Der Zugang zu den Achswechselgruben erfolgt durch Treppen von den Arbeitsgruben aus. Neuerdings hat man versuchsweise nach einer patentierten Einrichtung von Faltin in Königsberg die Achswechselgrube nur in einem Gleis eingebaut, eine Anlage, die sich gut bewähren soll.

Die Achswechselgruben werden so angelegt, daß auch bei geschlossenen

Toren und nicht gleichlaufenden Gleisen alle Lokomotivachsen ausgewechselt werden können, ohne daß dabei die benachbarten Gleise durch die Lokomotive gesperrt werden, daß also die vorgeschriebene Breite von 3,15 m nicht eingeschränkt wird, was in jedem einzelnen Falle aus der Art des Radstandes zu ermitteln ist. Damit die vordere Laufachse der Lokomotive oder die hintere Tenderachse ohne Behinderung der Schiebebühne ausgewechselt werden können, genügt im allgemeinen ein Abstand von 18 cm für die Mitte der Achssenke von der Vorderkante der Schiebebühne.

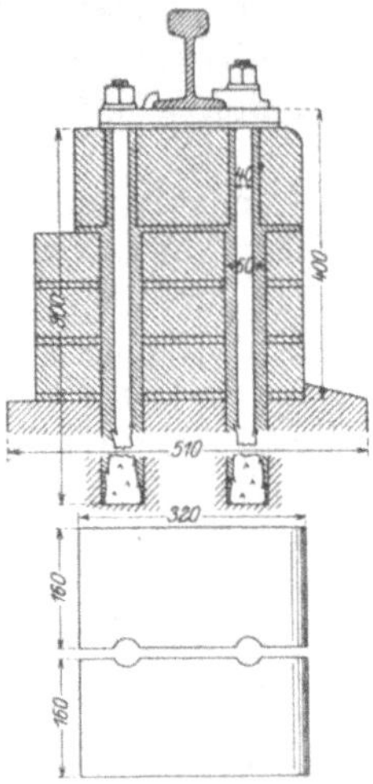


Abb. 84. Schienenbefestigung in Lokomotivschuppen.

Die sämtlichen Grubenanlagen im Schuppen sind feuersicher und aus besten Steinen auszuführen, die unter dem fortwährenden Wechsel in der Wärme und Nässe nicht leiden. Die Wände werden im oberen Teile 38 cm, im unteren 51 cm stark gemacht. Die obere Abdeckung erfolgt am besten mittels genarbter Eisenklinker, die alle 80 cm seitliche Ausklinkungen erhalten, um die 80 cm langen Bolzenanker zur Befestigung der Schienenunterlagsplatten aufzunehmen (Abb. 84). Die Bolzen müssen sehr sorgfältig vergossen werden, so daß die Unterlagsplatten keine Verschiebungen erleiden. Neben den Schienen werden umgekehrt verlegte Eisenbahnschienen als Streichschienen zum Aufsetzen

Abb. 85. Grubenanlage in Lokomotivschuppen.

der Brechstangen für das Bewegen der Maschinen angeordnet oder besser Streichbohlen (Abb. 85); diese aus getränktem Eichenholz, 10 cm stark und aus zwei nebeneinander angeordneten 30 cm breiten Streifen bestehend, werden auf eingelassene Dübel, die in 80 cm Abstand angeordnet werden, aufgeschraubt und ergeben einen guten Anschluß an den Schuppenfußboden. Unterhalb der Bohlen ordnet man im Beton Rillen an zur Wasserabführung nach den Gruben hin. Am Ende der Schuppengleise werden Hemmklötze angebracht, um zu verhindern, daß die Lokomotiven zu nahe, weniger als 1,0 m, an die Wand heranstoßen oder den Zugang zur Arbeitsgrube sperren.

Der Schuppenfußboden wird in Höhe der Schienenoberkante und mit Gefäll nach der Arbeitsgrube hin verlegt, so daß er also zwischen den Gruben und nach den Außenwänden hin dachartig ansteigt. Der Fußbodenbelag muß gegen Stöße sehr widerstandsfähig sein; am besten haben sich Eisenklinker auf mindestens 15 cm Betonunterlage bewährt, doch können durch den harten Aufschlag hinfallende Stangen, Wellen u. dgl, beschädigt werden; das wird bei Holzpflaster vermieden. Es wird dies jedoch leicht durch Öl und Nässe schlüpfrig. Das Holzpflaster wird aus 15—20 cm hohen eichenen Schwellenabschnitten hergestellt, die auf eine Löscheunterbettung verlegt und festgerammt werden. Vor den Werkbänken empfiehlt sich die Anordnung von Holzfußböden. Um für die Aufstellung von Winden und Hebeböcken feste Unterlage zu haben ordnet man, wenn keine Achssenke vorhanden ist, an einzelnen Ständen in etwa 9,50 m Entfernung zu beiden Seiten der Grube starke Grundpfeiler an und deckt sie in Höhe des Schuppenbodens mit 1,0 · 1,0 m großen Granitsteinen ab. Auch kann die Aufstellung von Trägerstützen in Frage kommen, um mit Laufkatzen und Flaschenzügen Dome, Führerhäuser, Wasserkästen usw. abheben zu können.

Die Arbeitsgruben müssen eine unverrückbare Lage erhalten, also immer auf guten Baugrund gegründet werden und dürfen nicht etwa in Aufschüttungen liegen, weil schon geringe Höhenänderungen bei der Ein- und Ausfahrt zu Hindernissen werden können.

**c) Tore und Fenster.** Ebenso müssen die Torpfeiler, an denen die schweren Torflügel hängen, sehr sorgfältig gegründet werden. Die Torpfeiler werden mindestens 77 cm stark gemauert oder aus 45 cm breitem Gußeisen oder 30 cm breitem Schweißeisen ausgeführt. Die Ausführung in Schweißeisen ist für Ringschuppen die vorteilhafteste, weil sie gegenüber gemauerten Pfeilern etwa $^1/_{10}$ geringeren Raum für den einzelnen Stand erfordert.

Die Tore erhalten 3,80 m lichte Weite und 4,80 m lichte Höhe über Schienenoberkante unter Wahrung der Umgrenzung des lichten Raumes bei Anordnung von Abstumpfungen in den oberen Ecken. Die Flügel bewegen sich auf einem unten fest, am besten in Werkstein, eingemauerten Zapfen und an einem oberen Zapfen, der gut verankert wird; bei benachbarten Toren werden beide Zapfen wohl durch Bänder verbunden. Die Tore werden am besten aus einem Eisengerippe mit Holzbekleidung hergestellt, das durch stellbare Zugbänder gegen Versacken geschützt wird; in der Regel werden sie im oberen Teile bei Anordnung enger Sprossenteilung, etwa 20 : 30 cm, verglast (Abb. 86). Zum dichten Abschluß ordnet man einen unteren Anschlag an. Für je 7 Stände sieht man eine 0,80 m breite, mindestens 1,50 m hohe Schlupftür in den Toren zur Erleichterung des Verkehrs vor. Die Flügel werden mittels Treibriegel, unter Verwendung von Winkelhebeln, gleichzeitg oben, unten und in der Mitte geschlossen und fest angezogen. Die aufgestellten Torflügel dürfen ebensowenig wie diese Riegelteile in den freien Raum hineinragen, was namentlich bei Ringschuppen mit den schmalen schmiedeisernen Torpfosten in jedem einzelnen Falle nach Wahl des Halbmessers vorher genau geprüft werden muß.

In der geöffneten Stellung müssen die Tore unverrückbar in ihrer Lage, geschützt gegen zufälliges Lösen der Feststellvorrichtung, erhalten werden. Am einfachsten geschieht dies durch Vorreiber, die an fest eingemauerten eisernen Ständern befestigt sind oder durch Haken (Abb. 87).

In der Regel schlagen die Tore nach außen auf, um den Verkehr im Schuppen nicht zu behindern, doch leiden sie dabei sehr unter dem Einfluß des Wetters. Bei Kreisschuppen hat man daher, weil es sich hier meist nur um ein Tor

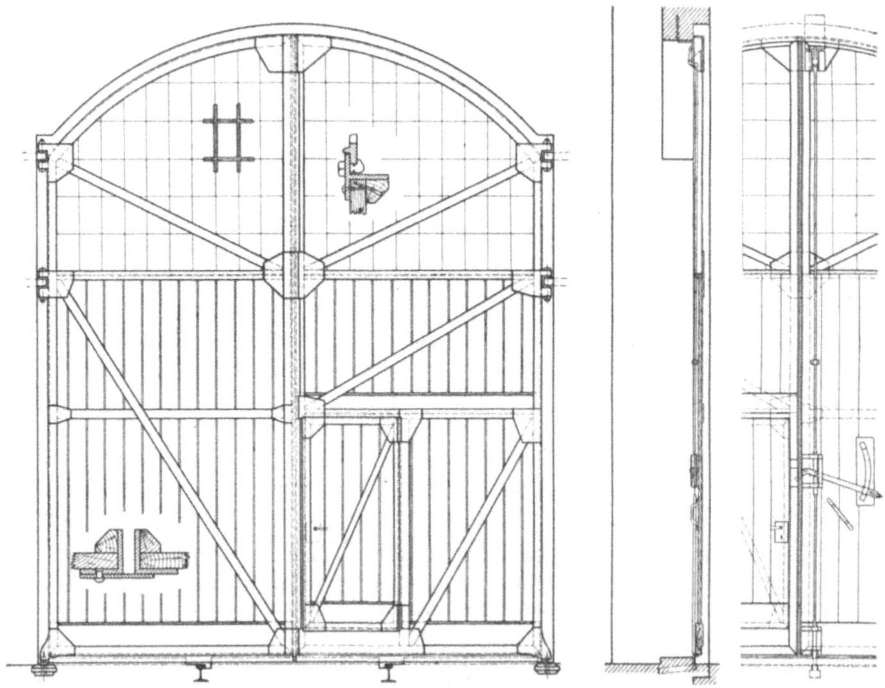

Abb. 86. Einfahrtstor im Lokomotivschuppen.

handelt, gelegentlich einen Vorbau angeordnet, innerhalb dessen die Flügel nach innen aufschlagen. Bei Ringschuppen kann das Aufschlagen nach innen in Frage kommen bei Anordnung verschlungener Geleise in jeder Toreinfahrt. Hierbei müssen, um ihre Breite möglichst einzuschränken, die Tore nach der Drehscheibe zu verschoben werden, und man erhält reichlich Raum vor den Ständen für die Flügel. Allerdings erhöhen sich durch die Anlage die Baukosten.

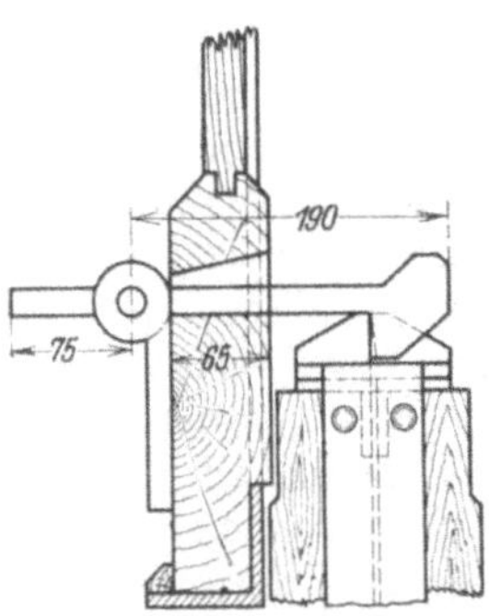


Abb. 87. Torhalter in Lokomotivschuppen.

Die Umfassungswände der Schuppen werden meist gemauert und erhalten $1\frac{1}{2}$ Stein Stärke mit inneren Verstärkungspfeilern zur Aufnahme der Dachbinder. Die Außenwände werden außen geputzt oder gefugt, im Innern dagegen nur gefugt und geweißt, weil Putz zu leicht abgestoßen wird. Der untere Wandteil kann zum Schutz gegen Verschmutzung dunkel gestrichen werden. Eisenfachwerk kommt wegen der hohen Kosten nur bei schwieriger Gründung, z. B. über bergbaulichen Anlagen, in Frage; dagegen wohl Eisenbeton, wodurch eine große Lichtfülle erzielt werden kann.

Die Fenster werden namentlich bei Ringschuppen möglichst groß angelegt, mit recht niedriger, etwa 50 cm hoher Brüstung, um gutes Licht für die Reinigung der unteren Maschinenteile zu gewinnen, und mit recht hohem Sturz um das Licht weit hineinfallen zu lassen. Sie werden bei Ring- und Kreisschuppen möglichst zur Seite gerückt, um die Langseiten der Maschine gut zu beleuchten. Sie erhalten zur Lüftung im Sommer einzelne zum Öffnen eingerichtete Flügel, die man zweckmäßig in Höhe der Rauchkammertüren anordnet, um sie, wenn die Siederohre mit den bis zu 5 m langen Stoßstangen gereinigt werden, öffnen zu können.

Die Fenster an den Ständen für die Werkbänke können höhere Brüstungen erhalten. Hier werden die unteren Scheiben dann noch durch Drahtnetze gegen Beschädigungen geschützt oder mit Drahtglas verglast.

Die Fenster erhalten nicht zu große Sprossenteilung und werden in Schmiede- oder Gußeisen ausgeführt; sie müssen sorgfältig im Anstrich unterhalten werden, weil sie sonst durch die schwefelsäurehaltigen Verbrennungsgase stark angegriffen werden. Auch Ausmauerungen mit Glasbausteinen bewähren sich bei Sammelrauchabführungen, weil sie die Schuppen weniger stark abkühlen.

**d) Überdachung und Rauchabfüh.ung.** Die Überdachung der Schuppen soll möglichst niedrig gehalten werden um, wie schon erwähnt, die Schuppen recht warm zu halten. Wei ferner alle Stützen den Verkehr und das Arbeiten mehr oder minder stören, sind freigespannte Dächer am vorteilhaftesten. Bei großen Schuppen werden aber dadurch die Baukosten erheblich gesteigert, weshalb man in der Regel bei ihnen dazu übergeht, Stützen für die Überdachung anzuordnen.

Die Feuersgefahr ist bei den Lokomotivschuppen in der Regel gering, weil sie fast dauernd, auch bei Nacht, unter Aufsicht sind. Es bestehen kaum Bedenken, die Schuppen mit hölzernen Dachstühlen auf Holzstützen zu überdecken. Auch kann durch Hobeln der Hölzer und durch ihren Anstrich mit Wasserglas oder ähnlichem die Entzündungsgefahr wesentlich herabgemindert werden.

Kleine Rechteckschuppen erhalten einfache Satteldächer, längere Rechteckschuppen mehrere Satteldächer nebeneinander senkrecht zur Schuppenachse. Ringschuppen erhalten Sattel- oder Pultdächer. Die Kreisschuppen erhalten entweder ein einheitliches Kuppeldach, oder der mittlere Teil wird höher geführt, und der äußere Teil lehnt sich mit einem Pultdach oder Satteldach dagegen. Der zwischen dem Anschnitt der unteren Dachfläche verbleibende Ringteil wird in Fensterflächen aufgelöst und bildet dann eine sehr ausgiebige Lichtquelle. Bei den sonstigen Überdachungen ordnet man die Oberlichte in der Regel im First, und zwar am besten als Laternenaufsätze an, deren senkrechte Seitenwände verglast werden. Die senkrechten Glasflächen verrußen nicht so leicht wie flach geneigte und lassen sich leicht reinigen. Diese Dachlichtaufbauten lassen sich auch leicht zur Lüftung mitverwenden.

Die Eindeckung der Dächer erfolgt am besten bei massiven (Eisenbeton)-Dächern mit Holzzement und bei hölzernen Dächern mit doppelter Papplage. Doch dürfen die Dächer nur oberhalb der Sparren geschalt werden, nicht etwa auch unterhalb. Zwar würde dadurch die Heizung der Schuppen wesentlich erleichtert werden, aber es besteht die Gefahr, daß sich zwischen beiden Schalungen Wasserdämpfe niederschlagen, die das Holzwerk zum Stocken und Faulen bringen würden. Man läßt die Dächer gern weit überstehen, um die Außenwände gegen Schlagregen und gegen Durchnässen durch undicht werdende Rinnen zu schützen.

Bei hölzerner Dacheindeckung ist die Bestimmung des § $60^7$ der „Technischen Vereinbarungen usw." zu beachten, wonach „Holzteile des Daches oberhalb des Standortes der Lokomotivschornsteine mindestens 5,80 m über Schienenoberkante liegen sollen". In der Regel ist also die Sparrenunterkante am Standpunkte des Schornsteins auf 5,80 m anzuordnen.

Nun ist nach § $28^2$ der Eisenbahn-Bau- und -Betriebsordnung 1914 die höchste zulässige Höhe für verkürzbare Schornsteine 4,65 m, sonst 4,28 m, über Schienenoberkante; sie beträgt in der Regel jedoch nur 4,20 m. Zum Auffangen des Rauches ordnet man daher einen Rauchfang aus 500 mm gußeisernem Rohr mit unten trichterförmiger Erweiterung an, die zur besseren Rauchabführung bis unter die Schornsteinoberkante, etwa bis auf 4,15 m über Schienenoberkante hinunterreichen. Die mit dem Gleis gleichlaufenden 1,50 m langen Seitenwände dieser Trichter sind fest, während die dazu senkrechten, 1 m langen Seitenwände bis 4,75 m über Schienenoberkante aus mehreren Klappen bestehen, die aneinander wagerecht in Ringen hängen, so daß sie von den Schornsteinen bei der Durchfahrt beiseite geschoben werden und nachher wieder zurückfallen. Dadurch werden die Trichter vor Beschädigungen durch die verschieden hohen Schornsteine bewahrt. Die Rauchrohre erhalten zum Schutz gegen Hineinregnen oben eine Rauchkappe und werden 20 cm über Dachfirst hochgeführt. Sie sind durch eine etwa 50 cm lange Schutzhülse vom Holzwerke feuersicher zu trennen und werden mittels Schelleisens und Zugstangen gegen Winddruck gesichert. Die meist aus Gußeisen gefertigten Trichter sind sehr schwer; um ihre Last auf eine größere Fläche zu verteilen, werden sie daher mit Hängestangen, die sich an ein Schelleisen legen, am Sparrenwerk verankert. Zum leichteren Einstellen erhalten die Hängeeisen Spannschlösser.

Die trichterförmige Erweiterung der Rauchröhren ist notwendig, weil die Maschinen nicht so genau unter das Auffangrauchrohr gestellt werden können. Sie hat den Nachteil, daß doch mehr oder weniger Rauch in die Schuppen tritt. Um dem zu begegnen, verwendet man Trichter, die herabgelassen den Schornstein dicht abschließen und in der Gleisrichtung beweglich sind, so daß sie der Bewegung der Lokomotive und kleinen Verschiedenheiten in der Stellung folgen können. Ähnlich sind verschiedene patentierte Einrichtungen, am bekanntesten wohl die von O. Fabel in München, bei der der untere Teil, der den Schornstein dicht umfaßt, aus zwei in der Gleisrichtung drehbaren Hälften besteht. Auch bei ihnen ist ein genaues Unterstellen der Maschinen Erfordernis. Steht die Maschine um mehr als etwa 20 cm zur Seite verschoben, so klaffen die beiden Hälften, und die Rauchabführung ist keine vollkommene mehr.

Da der Abstand der Lokomotivschornsteine von der vorderen Bufferkante recht verschieden ist, in der Regel beträgt er 2 bis 2,5 m, und wegen der dadurch entstehenden Schwierigkeit, die verschiedenen Arten der Maschinen genau unter die Abzugrohre zu stellen, hat man versucht, über den Ständern langgestreckte trogartige Aufsaugtrichter anzuordnen, die nach dem Abzugrohr hin ansteigen, so daß eine gewisse Rauchabführung immer gewährleistet ist.

Die Rauchfänge saugen infolge der Windeinwirkung dauernd ab; sie tragen daher dazu bei, im Winter die warme Luft aus dem Schuppen fortzuführen. Um das zu vermeiden, schließt man sie am unteren Rauchrohrende mit einer stellbaren Drosselklappe. Die Drosselklappe dient auch zur Verhütung zu starken Luftzuges, wodurch die zu reinigenden Lokomotiven zu schnell abgekühlt werden, was Undichtwerden der Siederohre in der Feuerbüchse verursachen kann.

Der durch die Rauchrohre abgeführte Rauch wird leicht von der Nachbarschaft, z. B. in Städten, als lästig oder, z. B. bei Gärtnereien, als schädlich empfunden, so daß es geboten erscheint, den Rauch in größerer Höhe abzuführen; das geschieht mittels 35—40 m hoher, oben 1,25 m weiter Schornsteine, die den Rauch von je 14—16 Ständen gemeinsam abführen. Bei der Stellung dieser Schornsteine sucht man die wagerechten Leitungen mit ihren hohen Reibungswiderständen möglichst einzuschränken. Die von den einzelnen Rauchfängen ausgehenden Kanäle macht man 40 : 40 cm groß; sie münden mit 30° seitlich in gleicher Sohlenhöhe in einen schlupfbaren Sammelkanal ein, dessen Decke nach dem Schornstein hin ansteigt, und dessen Querschnitt dabei allmählich von $^{50}/_{80}$ auf $^{50}/_{100}$, $^{65}/_{100}$, $^{70}/_{110}$ cm wächst. Alle 20 m etwa ordnet man in dem Sammelkanal Reinigungsöffnungen und außerdem für je drei Stände ein Rußabfallrohr von 20 cm Durchmesser an. Die Kanäle können am Dach angehängt oder im Fußboden entlang geführt werden. Ihre Last ist bei der Dachausbildung sorgfältig zu berücksichtigen, da Senkungen der Kanäle Risse und damit Undichtigkeiten und Feuersgefahr herbeiführen können. Die neuerdings ausgeführte Verlegung der Kanäle in den Schuppenfußboden soll gute Erfolge ergeben haben.

Daß Stützen für den Dachverband zulässig sind, wurde bereits erwähnt. Ihre Stellung ist außer bei den Kreisschuppen, wo sie den 3,15 cm breiten freien Raum für die Gleise nicht beschränken dürfen, auch bei den Drehscheiben und Schiebebühnenanlagen innerhalb der Schuppen vorgeschrieben, wo sie 1,5 m seitwärts der Gruben stehen müssen. Für Schiebebühnen und Drehscheiben sind besondere Muster im Bereich der preußisch-hessischen Eisenbahnen aufgestellt, die der Ausführung zugrunde zu legen sind. Sie müssen ebenso wie die Arbeitsgruben (vgl. S. 65) sehr sorgfältig gegründet und an die Entwässerungsanlagen angeschlossen werden. Bei den Drehscheiben von 16,20 m Durchmesser sollen, um außergewöhnliche Herzstücke zu vermeiden, nur die Neigungen 1 : 7, 1 : 8, 1 : 9 und 1 : 10, bei 20 m Durchmesser die Neigungen 1 : 9 und 1 : 10 verwendet werden.

e) **Nebenanlagen.** Wenn auch das Füllen der Tender an Wasserkranen außerhalb der Schuppen erfolgt, so müssen doch in ihnen die Lokomotivkessel gereinigt, ausgewaschen und gefüllt werden. Zu diesem Zwecke sieht man zwischen je zwei Ständen einen Unterflurwasserstock mit 65 mm Rohrweite vor. Jeder vierte Wasserstock etwa erhält, wenn erforderlich, einen Übergangsstutzen für die Schlauchverschraubung der Ortsfeuerwehr. Bei hölzernen Dachstühlen sind in etwa 40 m Abstand an der Außenwand Schlauchkästen mit 25 m langen Feuerschläuchen anzubringen.

Bei größeren Schuppen verwendet man zum Auswaschen des Schlammes aus den Lokomotiven und zum Auffüllen der gereinigten Kessel heißes Wasser; zu letzterem Zwecke, wodurch Brennstoff erspart und die Kessel geschont werden, empfiehlt es sich, Behälter zum Auffangen des abgelassenen Kesselwassers aufzustellen, das dann wieder verwandt wird. Für das Auswaschen ist die Anlage einer Dampfleitung, die von einer Kesselanlage oder einer ausgemusterten Lokomotive gespeist wird, zweckmäßig. Von der Leitung aus wird mittels Mischdüsen oder Strahlspritzen der Dampf zu den Wasserstöcken und Ausspritzschläuchen geführt.

Bei der Dampfleitung sieht man ferner Stutzen für den Anschluß von Hilfsbläsern zur Verstärkung des Luftzuges und Beschleunigung des Anheizens vor. Diese Anschlußstutzen können auch in einer Druckluftleitung, die zum Ausblasen der Siederohre angelegt wird, vorgesehen werden.

Für das Anheizen der Lokomotiven werden besondere Anheizöfen angeordnet, die unter Umständen, wenigstens für den Winter, an die Sammelheizung angeschlossen werden können. Die Sammelheizungen werden am besten als Niederdruckdampfheizungen angelegt. Im allgemeinen wird die Heizung der Lokomotivschuppen nur bei gemeinsamer Rauchabführung zu entbehren sein; doch genügt häufig statt der Sammelheizung die Aufstellung einzelner eiserner Füllöfen mit besonderen Schornsteinen. Diese Öfen werden dann häufig mit Schalen versehen, um Sand für die Streuer der Lokomotiven zu trocknen. Diese Schalen sind Blechkästen oberhalb der Feuerung, die sich ringförmig um die Öfen legen, und aus denen der getrocknete Sand durch Schieberöffnungen im Boden entnommen wird.

In Schuppen mit mehr als 15 Ständen empfiehlt sich die Aufstellung besonderer Öfen, in denen der sorgfältig von Steinen gesiebte Sand getrocknet

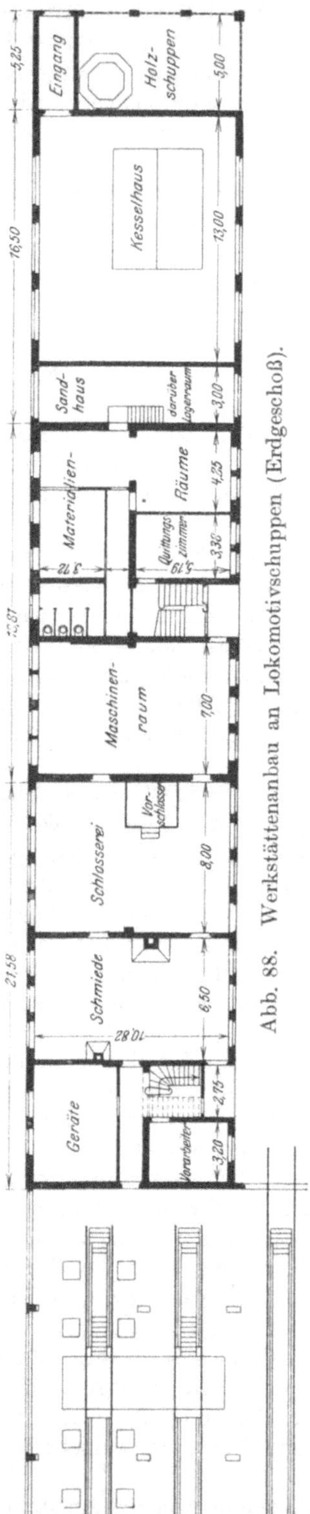


Abb. 88. Werkstättenanbau an Lokomotivschuppen (Erdgeschoß).

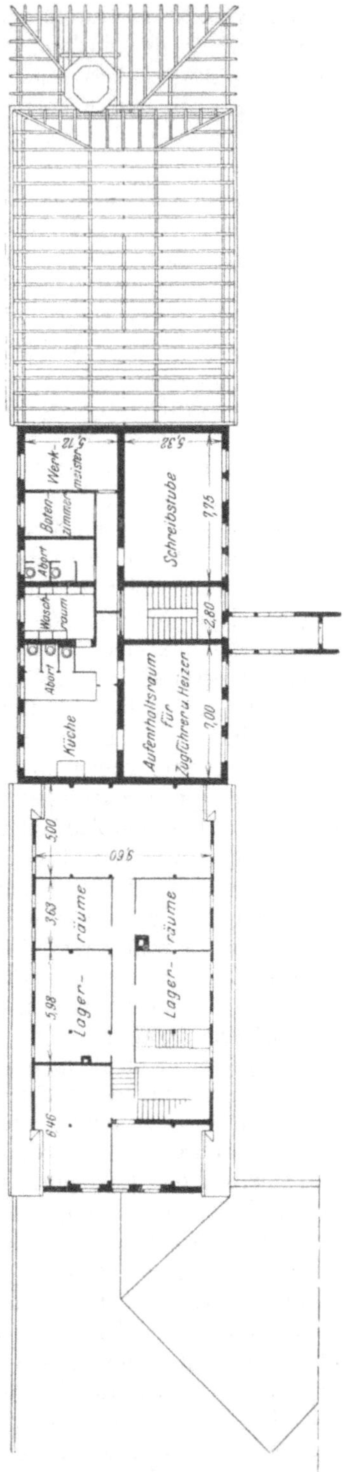


Abb. 89. Werkstättenanbau an Lokomotivschuppen (1. Obergeschoß).

wird. Da bei neueren Maschinen der Sandbehälter sehr hoch, bis zu 4,20 m über Schienenoberkante liegt, können bei größeren Bahnhöfen mechanische Einrichtungen zur Sandversorgung aus Hochbehältern in Frage kommen.

Der durchschnittliche Sandbedarf beträgt für eine Lokomotive 80 l etwa täglich; der Sandbehälter der neueren Maschinen faßt 250 l.

Die Ausstattung der Lokomotivschuppen besteht aus Werkbänken mit Schraubstöcken für kleinere Ausbesserungen, aus Einrichtungen zum Trocknen der Auswaschschläuche, aus der Aufstellung je einer feuerfesten eisernen Deckelkiste zum Aufbewahren der gebrauchten Putzwolle für je vier Stände und je eines 0,45 × 0,60 m großen Kleiderschrankes für jeden Bediensteten. Die Schränke werden zweckmäßig in einem besonderen Wasch- und Umkleideraum untergebracht. Erwünscht ist ferner die Anlage von Zapfhähnen für Trinkwasser, die man zweckmäßig gleich als Zufluß zu Waschbecken ausbildet; die Waschbecken bringt man in etwa 1 m Höhe an, damit sie nicht zur Verrichtung von Bedürfnissen benutzt werden.

Im Anschluß an die Lokomotivschuppen ordnet man Abort-, Wasch-, Bade- und Aufenthaltsräume getrennt für die verschiedenen dort tätigen Berufsarten an; ebenso Werkstatt, Magazin, Lagerkeller und Diensträume. (Abb. 88 bis 91.)

In der Nähe der Schuppen werden die Löschgruben, die wie die Arbeitsgruben ausgebildet werden, in Verbindung mit den Wasserkranen zum Füllen der Tender und die Bekohlungseinrichtungen mit den Lagerplätzen für Schlacken und Löschen angeordnet. Bei größeren Anlagen treten hinzu Rampen für die Schlackenverladung und eigene Aufenthaltsräume mit Bädern und Waschräumen für die Kohlenlader.

Ganz ähnlich den Lokomotivschuppen sind die Heizwagenschuppen, in denen die zur Anheizung der Züge bestimmten Kesselwagen aufgestellt werden.

**f) Äußere Ausbildung.** Die äußere Gestaltung der Lokomotivschuppen kann sich naturgemäß nur in den einfachsten Formen bewegen; auch verbietet ihre

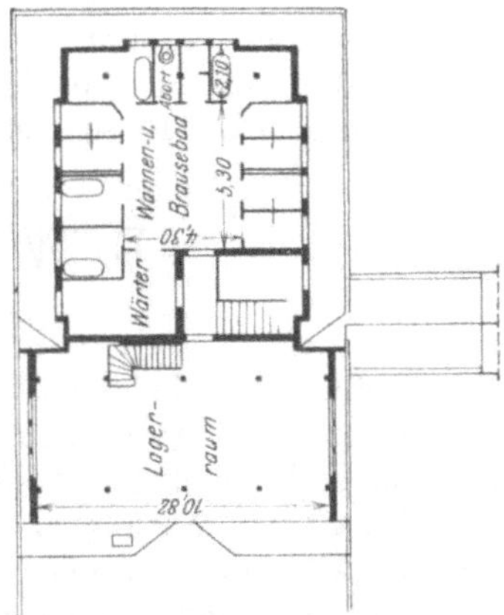

Abb. 91. Werkstättenanbau an Lokomotivschuppen (Dachgeschoß).

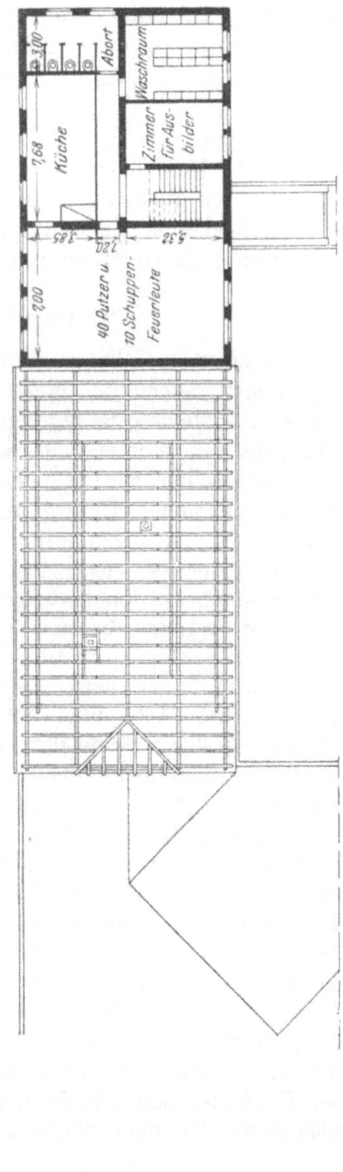

Abb. 90. Werkstättenanbau an Lokomotivschuppen (2. Obergeschoß).

Lage zwischen den Gleisen, die sie in stärkstem Maße dem Verqualmen aussetzt, jeden Aufwand in dieser Beziehung. Immerhin läßt sich auch bei ihnen durch Verwendung der ortsüblichen Baustoffe und gute Verteilung und Form der Fenster erreichen, daß sie das Landschaftsbild nicht stören.

# E. Wagenschuppen.

## 1. Zweck.

Dem rechteckigen Lokomotivschuppen sehr ähnlich, auch bezüglich der Verbindung mit den Gleisen durch Weichen, sind die Wagenschuppen, bestimmt zur Aufstellung, Reinigung und Untersuchung der Wagen und Wagenzüge in den Betriebspausen. Nach § 61 der „Technischen Vereinbarungen über den Bau und die Betriebseinrichtungen der Haupt- und Nebenbahnen 1909" sollen Schuppen für Personenwagen so gelegen und eingerichtet sein, daß die darin aufgestellten Wagen den Zügen leicht und schnell beigestellt werden können. Für Schuppen, in denen Wagen gereinigt werden, werden Wasserleitungen und Heizeinrichtungen empfohlen. Der Abstand der Gleise in den Schuppen soll nicht unter 4,4 m betragen, und 4,65 m, wenn zwischen den Gleisen Stützen stehen.

Auf Schuppen, in denen nur Wagen verwahrt werden, die längere Zeit nicht gebraucht werden, erstrecken sich diese Forderungen nicht. Bei solchen Schuppen können auch die Gleisabstände und Fenstergrößen kleiner bemessen werden, durchgehende Reinigungsgruben, Wasserleitungsanlagen, Heizvorrichtung, künstliche Beleuchtung usw. können fortfallen.

## 2. Bauliche Ausbildung.

Bei den sonstigen Wagenschuppen, die zur Reinigung und Untersuchung der Züge dienen, ziehen sich unter den Gleisen wie bei den Lokomotivschuppen ganz ebenso ausgebildete Reinigungsgruben (vgl. S. 62 bis 65) in der ganzen Länge des Schuppens hin, in deren Seitenwänden jedoch stets ein Schlitz für die Dampfheizrohre vorgesehen wird zur Erwärmung des Schuppens und vornehmlich zum Abtauen des an den Untergestellen der Wagen haftenden Eises und Schnees. Die Heizrohre werden durch aufklappbare durchbrochene Gitter gegen zu starkes Beschmutzen geschützt. Gleichzeitig dienen die Gitter zum Schutz der Arbeiter gegen Verbrennen an den heißen Röhren.

Die Tore werden ebenfalls ganz gleich denen der Lokomotivschuppen (vgl. S. 65) mit Schlüpftüren ausgebildet. Sie sollen nach § 60 Abs. 9 der Technischen Vereinbarungen usw., 1909, 3,35 m, bei Neubauten 4 m lichte Weite und 4,80 m lichte Höhe über Schienenoberkante erhalten. Der Abstand der Gleise untereinander und von der Außenwand soll nicht zu klein sein und beträgt zweckmäßig 5—5,30 m und 2,80—3 m, mindestens aber 2,25 m, weil sonst die Arbeiter beim Abwaschen zweier nebeneinander aufgestellter Wagenreihen sich leicht gegenseitig behindern. An jeder Wagenreihe entlang zieht sich im Fußboden des Schuppens eine offene, mit Wasser gefüllte, mit Überlauf und selbsttätigem Zufluß versehene, 20—30 cm breite und 20—25 cm tiefe Rinne zum Eintauchen der Abwaschbesen, Schrubber usw. Die Rinnen werden in etwa 50 m lange Teile geschieden, um sie so leichter reinigen zu können. Damit die Arbeiter nicht in die Rinnen treten und sich dadurch verletzen können, ordnet man über ihnen häufig Holme an; allerdings wird dadurch etwas die Bewegungsfreiheit gehindert. Außer den Rinnen sind noch Wasserstöcke mit Schlauchverschraubungen vorzusehen, um die Wagen absprengen zu können.

Der Fußboden soll möglichst staubfrei, z. B. mit Platten belegt sein; er wird ebenso wie der der Lokomotivschuppen nach den Arbeitsgruben hin entwässert (vgl. S. 65), doch ist es nicht nötig, den Belag von den Schienen wie dort durch Bohlenstreifen zu trennen, er kann vielmehr unmittelbar anstoßen.

Die Wagenschuppen erhalten außer den Einrichtungen zum Waschen der Wagen noch Zapfstellen für die Füllung der Gasbehälter und Sammler und Ein-

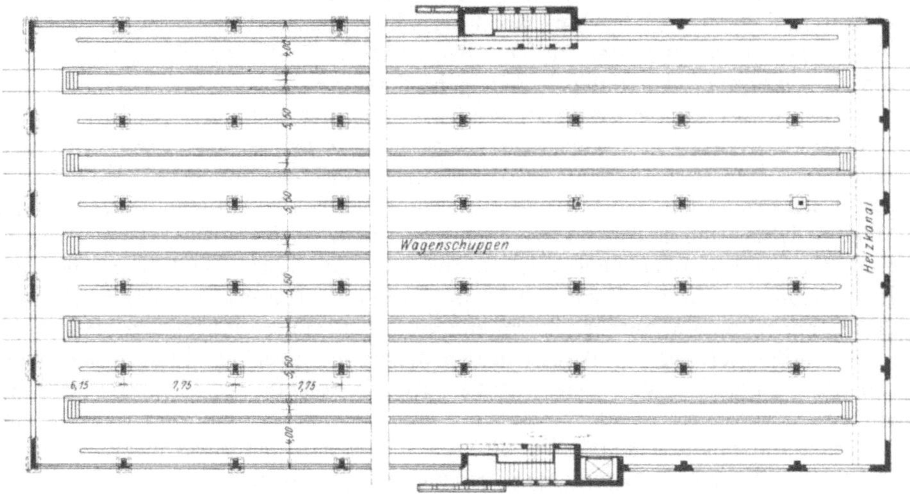


Abb. 92. Wagenschuppen.

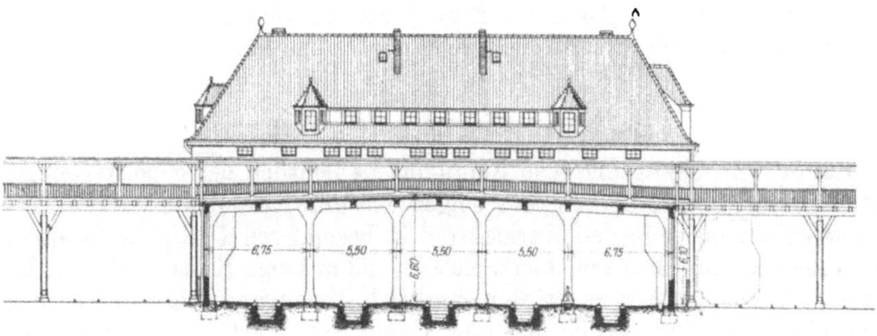

Abb. 93. Wagenschuppen.

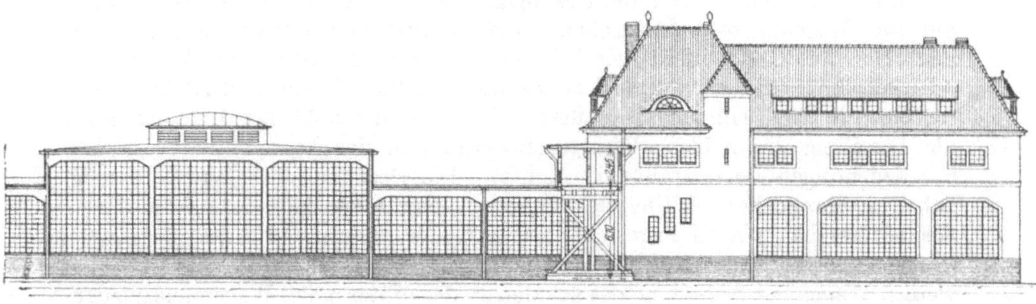

Abb. 94. Wagenschuppen.

richtungen zum Anheizen der Wagen. Um die Gefahren für die Arbeiter bei der Reinigung elektrischer Wagenzüge zu vermindern, deren Stromabnehmer in Gleishöhe angebracht sind, werden die Stromleitungsschienen nicht in die Schuppen miteingeführt, sondern durch an das Dach aufgehängte elektrische Leitungen mit Steckdosen ersetzt.

Wände, Fenster, Fußboden, Dächer, Stützen, Oberlichter usw. werden völlig dem Lokomotivschuppen gleich ausgebildet (Abb. 92 bis 94); nur fallen die Rauchabzugs einrichtungen fort. Dagegen ist für sehr reichliche Entlüftung wegen der vielen Wasserdämpfe, die sich namentlich im Winter beim Auftauen und Reinigen ergeben, zu sorgen (Abb. 94). Reichliches Licht und gute Lüftung sind durch weißen Anstrich des Innern, auch des Dachverbandes, weit nach oben und unten reichende Fenster und aufklappbare Oberlichter anzustreben. Bei den Dachverbänden ist darauf zu achten, daß die Begehbarkeit der Wagendächer nicht durch die Zangenhölzer oder Binderbalken gehindert wird.

Die Größe der Schuppen richtet sich nach der Zahl der gleichzeitig aufzustellenden Wagen und Züge. Die Länge soll 3 m mehr als die größte in Frage kommende Zuglänge betragen. Kommen nur einzelne Wagen zur Aufstellung, so ist zwischen den Buffern und der Endwand 2—2,50 m und zwischen den Buffern 1,10—1,50 m Abstand zu rechnen. Meist wechselt die Art der Wagen, so daß man der Größenbemessung nur eine bestimmte Zahl von Achsen zugrunde legen kann. In diesem Falle kann etwa 5,10 m als Durchschnittslänge für jede Achse angenommen werden, worin die Zwischenräume einbegriffen sind.

Die Behandlung der Wagen in den Wagenschuppen beschränkt sich nicht auf die äußere Reinigung, sie umfaßt auch die Ausführung kleinerer Instandsetzungsarbeiten an Fenstern, Türen, Polstern usw. Man ordnet daher meist in Anbauten entsprechende Werkstätten mit den zugehörigen Vorratsräumen für Glaser, Schlosser, Sattler usw. an und bringt sie gern in Verbindung mit den Diensträumen für Betriebs- und Wagenwerkmeistereien, wohl auch mit einem Unterrichtsraum, oder mit Aufenthaltsräumen für Putzer usw., Aushilfsschlafräumen und dgl. Auch das Kesselhaus zur Heizung des Schuppens und zum Anheizen der Züge findet meist in einem Anbau am Wagenschuppen seinen Platz

## 3. Desinfizierung der Wagen.

Häufig wird eine gründliche Reinigung namentlich der gepolsterten Abteil- und Schlafwagen erforderlich, um Ungeziefer und Krankheitskeime abzutöten. Dies geschieht meist in den Werkstätten in besonderen Desinfektionsanstalten. Die Wagen werden in geschlossene eiserne, 23 m lange Kessel von 5 m Durchmesser geschoben, und es wird hier durch Erzeugung von Luftleere unter gleichzeitiger starker Erhitzung alles Ungeziefer abgetötet, während alsdann durch Einführen von Formalindämpfen alle Ansteckungskeime vernichtet werden[1]).

Einfacher vollzieht sich die Desinfizierung der Güterwagen. Hierfür werden nur zwei Waschgleise und zwischen ihnen ein drittes Gleis (Dunggleis) erforderlich. Der Boden neben und zwischen den Gleisen wird wasserdicht abgepflastert oder befestigt. In der Nähe werden die Aufenthalts-, Wasch- und Kleiderräume für die mit der Reinigung betrauten Arbeiter und ein kleines Kesselhaus für die Bereitung des heißen Reinigungswassers und der Desinfektionsflüssigkeit mit den nötigen Vorratsräumen errichtet. Die Desinfektionsanlage wird möglichst an durchgehenden Gleisen vorgesehen, damit von der einen Seite die zu desinfizierenden Wagen zugestellt und von der andern Seite die gereinigten Wagen ohne weiteres abgeholt werden können. Auf dem mittleren Dunggleis werden Wagen zur Aufnahme des aus den zu desinfizierenden Wagen auszuladenden Dunges aufgestellt, so daß der ausgeworfene Dung nicht erst zu einer Dunggrube befördert und dort später verladen zu werden braucht.

Auch die Untersuchung der eingeführten Tiere, insbesondere des Geflügels, auf den Bahnhöfen selbst kann in einzelnen Fällen in Frage kommen Es sind dann Stallungen vorzusehen, die mit entsprechenden Beobachtungs-, Untersuchungs- und Abschlachtungsräumen verbunden werden.

[1]) Vgl. Schuhmacher, Die Desinfektion der Eisenbahn-Personenwagen in den Werkstätten. Glasers Annalen für Gewerbe und Bauwesen 1910, S. 29.

# F. Werkstättengebäude.

## 1. Zweck.

Dienen die Lokomotiv- und Wagenschuppen in erster Linie der Reinigung und Unterhaltung des rollenden Materials, so sind zu seiner Untersuchung und Instandsetzung die Werkstätten bestimmt; sie werden auf einzelnen großen Bahnhöfen angelegt und bei großen Anlagen in Lokomotiv- und Wagenwerkstätten geschieden.

Sie bestehen aus den Werkstättengebäuden nebst den zugehörigen Lagerhäusern und Schuppen und den dazwischenliegenden Aufstell- und Räderhöfen und Verbindungsgleisen. Nach § 63 der Technischen Vereinbarungen über den Bau und die Betriebseinrichtungen der Haupt- und Nebenbahnen 1909 soll durch Anlage angemessen ausgestatteter Werkstätten für die schnelle Erledigung der notwendigen Arbeiten zur Unterhaltung der Fahrzeuge gesorgt werden. Diese Werkstätten sollen an den Hauptpunkten des Verkehrs errichtet und bei ihrer Anlage die Möglichkeit einer späteren Erweiterung berücksichtigt werden. Die Größe der bedeckten Arbeitsräume in den Werkstätten soll derart bemessen werden, daß darin 25% der zur Unterhaltung zugewiesenen Lokomotiven, 10% der Personenwagen und mindestens 3% der Güterwagen gleichzeitig ausgebessert werden können.

## 2. Anordnung.

Zweckmäßig werden die Werkstätten so angelegt, daß die Gegenstände die einzelnen Räume entsprechend den Fortschritten der Bearbeitung bis zur Vollendung nach einer Richtung durchlaufen und unnötige Wege vermieden werden. Die Hauptarbeiten, die in den Werkstätten ausgeführt werden, werden bei den Lokomotiven an den Kesseln und den Gangwerksteilen, bei den Wagen an den Wagenkästen und Gangwerksteilen vorgenommen und bestehen im Dichten der Büchsen, Lager, Zapfen, Erneuern der Feuerkisten, Rohrwände, Rauchkammern, Feuerrohre, Federn, Bremsen, Kuppelungen, Auswechseln der Achsen und Abdrehen der Radreifen und im Ausbessern der Holz- und Eisenteile einschließlich des Lackierens und der Polsterarbeiten. Alle diese Arbeiten werden möglichst in getrennten Bauten vorgenommen, für die aber ein gemeinsamer Grundsatz gilt: sie sollen sämtlich möglichst hell, staubfrei und gut heiz- und lüftbar sein. Sie ähneln meist alle den Lokomotiv- und Wagenschuppen. Dies gilt besonders von den Hallen zur Vornahme der Untersuchung und Ausbesserung der Lokomotiven und Wagen. Sie erhalten meist rechteckigen Grundriß mit überdeckter Schiebebühne, mit reichlichem Gleisabstand, und zwar 5,5—6 m untereinander und 4—5 m von den Längswänden. Auch die Kesselschmieden gleichen den rechteckigen Lokomotivschuppen; sie erhalten kräftige Laufkräne zur Beförderung der Kessel und wie die übrigen zur Erneuerung der Steuerungsteile, Bolzen, Buffer, Kupplungen, Achslager, Federn, Kupferrohre, Rotgußteile usw. bestimmten Schmieden Schweißöfen, Schmiedefeuer und Schmiedehämmer sowie gute Verbindung mit dem Eisenlager (Abb. 95 u. 96). Die Kupferschmiede mit der Gelbgießerei liegt zweckmäßig in der Nähe der Lokomotivwerkstätte. Die Räderwerkstätte, die durch Gleise mit der Räderdreherei und dem Räderhof verbunden wird, dient zum Auswechseln der Radsätze und erhält hierzu Vorrichtungen sowie Glühöfen für die Radreifen. Zur Aufstellung der zur Eisen- und Holzbearbeitung erforderlichen Werkzeugmaschinen dienen die Dreherei und Schlosserei, deren Decken besonders kräftig ausgebildet werden, weil an ihnen die Lager und Wellen befestigt werden. Weitere Bauten nehmen die Tischlerei, Stellmacherei, Sattlerei, Tapeziererei und Lackiererei auf. Endlich ist noch zum Antrieb der Maschinen,

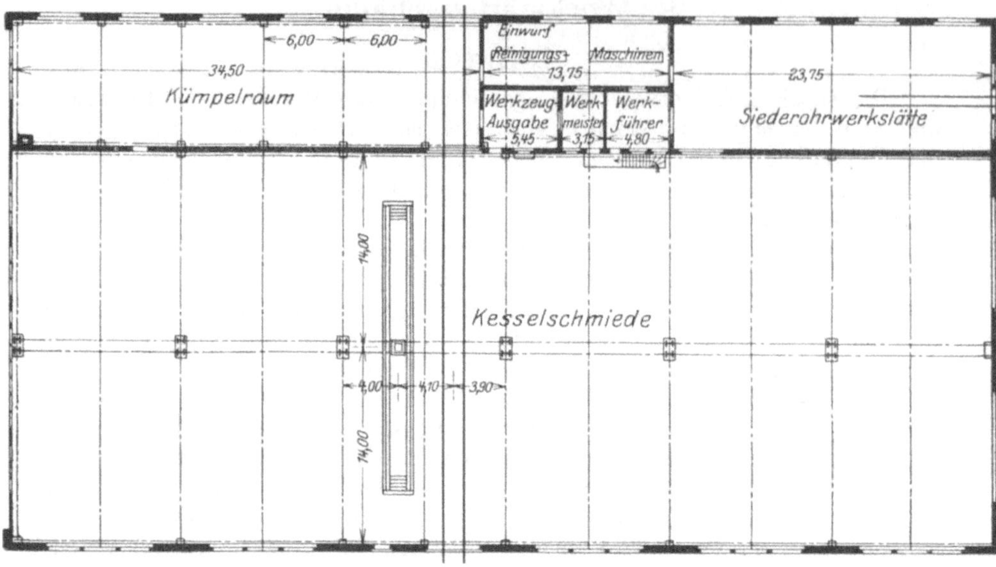


Abb. 95. Kesselschmiede in Darmstadt.

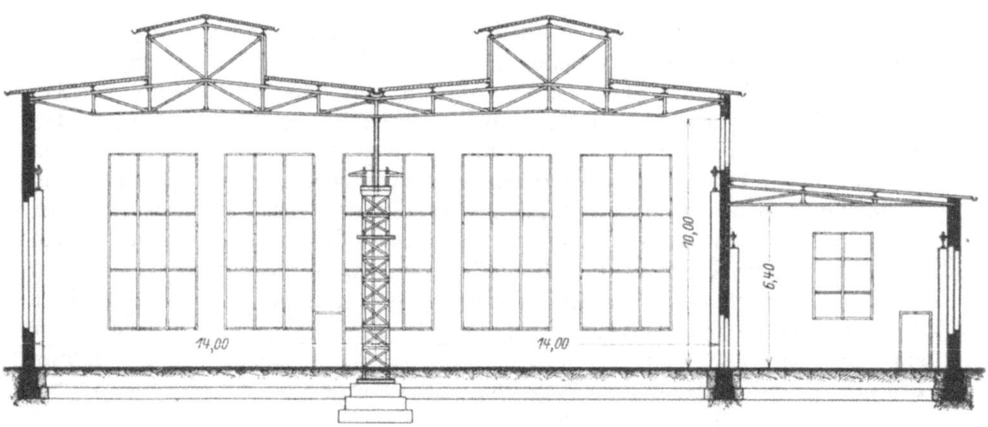


Abb. 96. Kesselschmiede in Darmstadt.

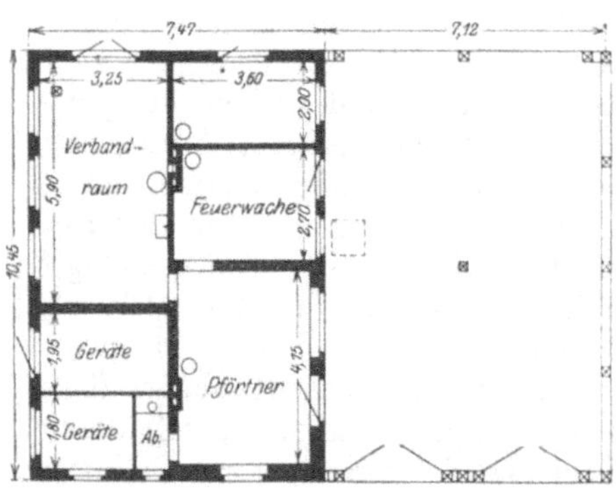


Abb. 97. Pförtnerhaus für Werkstätte.

Abb. 98. Pförtnerhaus für Werkstätte.

Speisung der Heizungen usw. ein Kessel- und Maschinenhaus erforderlich, neben dem ein Kohlenlager vorzusehen ist.

Ferner werden für die Ausbildung der Lehrlinge besondere Lehrlingswerkstätten vorgesehen, die mit Feilbänken, Schmiedeöfen, Drehbänken, Bohrmaschinen und einem Schleifstein ausgerüstet und mit Waschraum und Kleiderablage versehen werden. Grundsätzlich trennt man alle für Lehrlinge bestimmten Räume von den übrigen ab, gibt ihnen auch, wenn möglich, besondere Zugänge und richtet sie mit Turngeräten aus.

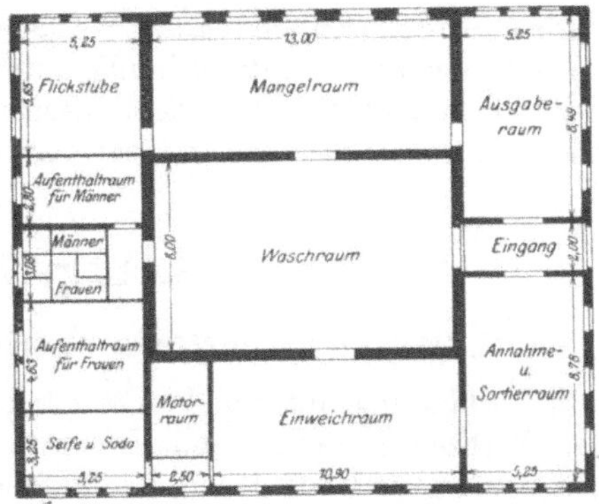


Abb. 99. Waschanstalt. (Grundriß.)

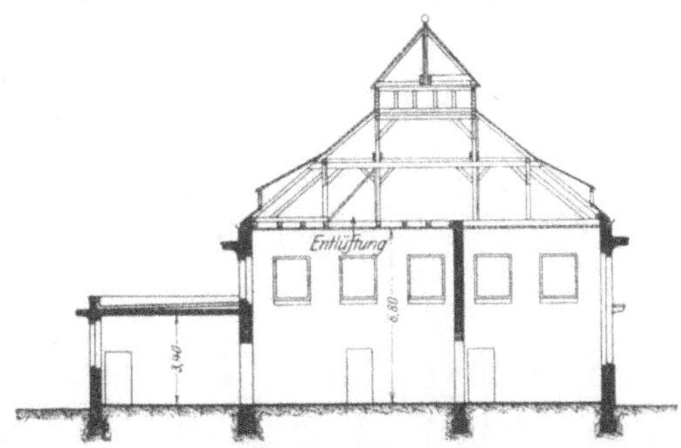


Abb. 100. Waschanstalt.

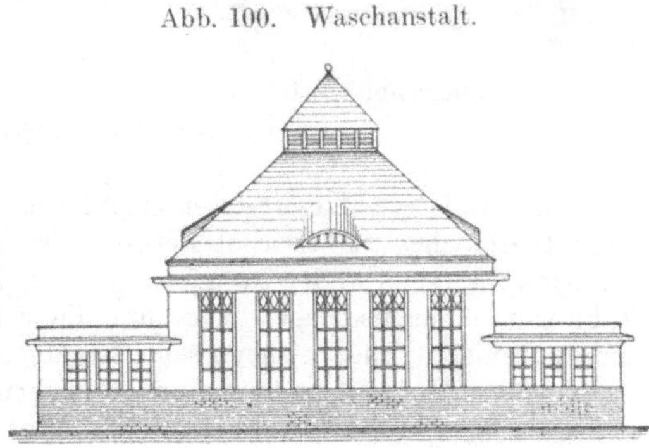

Abb. 101. Waschanstalt.

Außer den Werkstattsgebäuden mit ihrem Zubehör sind auf den Eisenbahnwerkstätten noch eine Reihe von Wohlfahrtseinrichtungen für die Arbeiter notwendig, die den noch zu besprechenden Anlagen völlig gleichen, so Speiseanstalten, Wasch- und Ankleideräume, Aborte und Badeanstalten. Die Waschräume sollen so geräumig sein, daß der vierte Teil der Arbeiter sich gleichzeitig waschen kann; sie müssen mit Einrichtungen zur Entnahme warmen Wassers versehen sein. Zweckmäßig werden sie so angeordnet, daß sie auf dem Wege vom Haupteingang zu den Arbeitsstätten liegen und von diesen ohne Überschreitung eines Hofes erreicht werden können. Die Größe und Anordnung der einzelnen Zellen ist die gleiche wie in den Baderäumen der Übernachtungsgebäude (vgl. S. 102). Man kann auf etwa 500 Arbeiter 6 Wannenbadzellen und 15 Brausebadzellen rechnen, unter der Voraussetzung, daß der Beginn des Bades für jeden einzelnen genau geregelt und diese Zeit streng eingehalten wird.

Die Werkstätten werden gänzlich eingefriedigt. Am Haupteingang neben dem Einfahrtstore wird das Pförtnerhaus angelegt, meist in Verbindung mit einem Anbau, in dem Tafeln aufgestellt sind mit Blechmarken oder dgl., mit Hilfe deren das Kommen und Gehen der Arbeiter beaufsichtigt werden kann (Abb. 97 u. 98).

In Zusammenhang mit den Werkstätten seien noch als besondere, gelegentlich vorkommende Anlagen erwähnt: die Waschanstalten zur Reinigung der Schlafwagen-Bettwäsche usw. (Abb. 99—101) und die Telegraphenwerkstätten zur Unterhaltung und Instandsetzung der Stellwerke, Telegraph- und Fernsprechanlagen.

Bei der großen Feuersgefahr, der die Werkstätten durch ihren Betrieb ausgesetzt sind, darf nicht versäumt werden, die einzelnen Abteilungen ausreichend mit Wasser zu versehen und insbesondere die Höfe mit Unterflurwasserstöcken mit Schlauchverschraubungen, die auch für die Ortsfeuerwehr passen, auszurüsten.

Die äußere Durchbildung der Werkstattsanlagen wird sich auf die einfachste Formengebung unter Unterordnung unter ihre Zweckbestimmung beschränken müssen, doch läßt sich trotzdem hierbei eine gefällige Ausbildung durch geschickte Gruppierung ohne größere Kostenerhöhung erreichen.

# G. Lagerhäuser.

## 1. Lager für Rohstoffe, Werkzeuge, Ersatzstücke usw.

In Verbindung mit den Werkstätten stehen die Lagerhäuser für die Rohstoffe, Werkzeuge, Geräte und Ersatzstücke, die für den Betrieb vorrätig gehalten werden, und aus denen die Fahrzeuge mit Öl, Petroleum, Holz und dgl. versorgt werden. Es sind dies in der Regel geschlossene Bauten, die mit Verwaltungs- und Ausgaberäumen vereinigt sind, und in denen in verschiedenen Abteilungen die einzelnen Sachen aufbewahrt und in verschiedenartigen Gestellen und Kisten gestapelt werden.

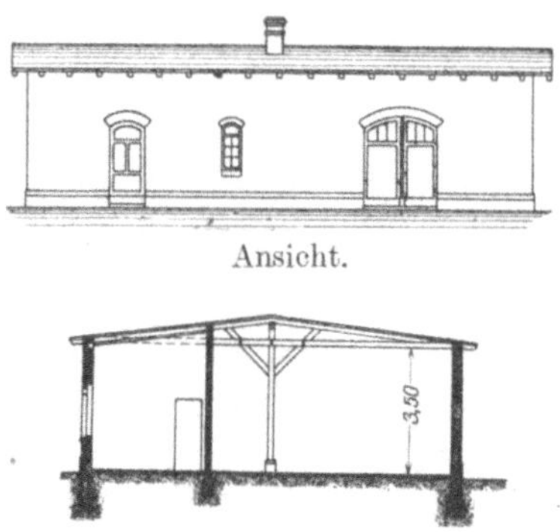


Querschnitt A B.

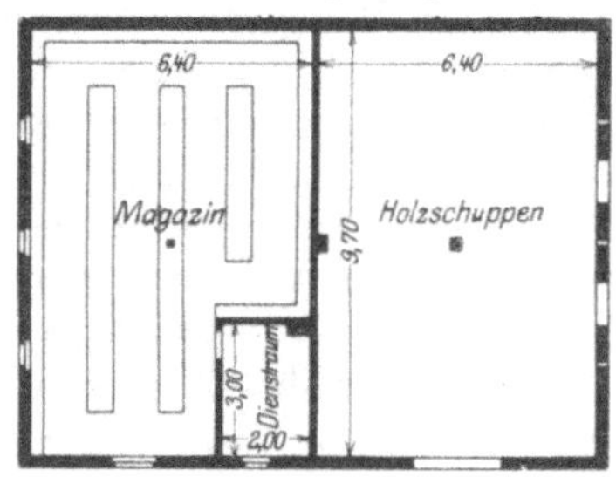


Erdgeschoß.

Abb. 102. Lagerhaus.

Die Größe der Lagerhäuser ergibt sich aus dem Monatsverbrauch, dessen Anderthalbfaches als eiserner Bestand der Berechnung zugrunde gelegt wird, um Schwankungen in der Anlieferung auszugleichen. 20 v. H. der so ermittelten Zahl würden zuzuschlagen sein, um die gelieferten Sachen bis zur Abnahme unterzubringen und nichtvorschriftsmäßige vorläufig aufzubewahren, und weitere 30 v. H. bei Annahme einer jährlichen Zunahme der Bestände um 3 v. H. auf die Dauer von zehn Jahren. Es ergibt sich somit als Raumbedürfnis das 2¼fache des Monatsverbrauches.

Kleine Lagerhäuser liegen zu ebener Erde (Abb. 102); bei großen Lagerhäusern, wie sie in der Regel für die Werkstätten nötig sind, ordnet man den Fußboden wie bei den Güterschuppen in Höhe von 1,10 m über Schienenoberkante an, um die Wagen leichter entladen zu können; bei beschränktem Raume kommen auch mehrgeschossige, mit Lastenaufzügen ausgerüstete Bauten in Frage. Doch sind bei ihnen die Kosten für die Zwischendecken wegen der großen Belastung ziemlich erheblich, so daß der Vorteil der geringen Grundfläche bei billigem Bau land teilweise ausgeglichen wird.

Vor den Annahmeräumen des Erdgeschosses ordnet man eine breite Bühne zum vorläufigen Stapeln der angelieferten Sachen an, die zum Schutz gegen Niederschläge überdeckt wird. Gelegentlich werden aus dem gleichen Grunde auch die Gleise mitüberdeckt, um auch beim Entladen der Wagen die Gegenstände vor Feuchtigkeit zu bewahren. Bewährt hat sich die Anlage einer Art Schwebebahn zur Beförderung schwerer Gegenstände in Fässern, Säcken, Kisten von der Ladebühne zu dem durch alle Geschosse führenden Aufzug. Die Schwebebahn führt an einer Wage vorüber. Die Plattform der zur Erleichterung des Verwiegens in den Fußboden eingelassenen Wage soll 5 cm etwa hervorstehen, damit lange Gegenstände beim Durchbiegen nicht den Fußboden berühren. Meist erhalten die Lagerhäuser keine festen Zwischenwände, sondern es werden nur durch die Gestelle, in denen die Gegenstände lagern, einzelne Kojen mit reichlichem Seitenlicht abgeteilt. Die Fächer der Gestelle sind etwa 50 cm hoch, 60 cm breit und 80 cm tief und ohne Verschluß; bei wertvolleren Gegenständen erhalten sie Drahtschiebetüren, durch die man die einzelnen Sachen erkennen kann, oder die ganzen Kojen werden durch Drahtgeflecht abgeschlossen. Zwischen den Gestellen werden Tische zum Sondern, Nachzählen, Verpacken usw. der ein- und ausgehenden Sachen aufgestellt, deren Untergestelle ebenfalls zu Lagerzwecken ausgenutzt werden. Seitlich werden die Kojen durch die Ausgabetische abgeschlossen, deren Platten, soweit nötig, mit Maßstäben zum Nachmessen versehen werden. Bei mehrgeschossigen Lagerhäusern bringt man meist im Keller die Öle unter, die Glühlampen, Kohlenstifte, Zylinder, Dochte, Bindfäden, Seifen, Kreiden und die Putzwolle, im Erdgeschoß die Nieten, Schrauben, Kupferstangen, Rotgußteile, Drähte und den Werkzeugstahl, im ersten Obergeschoß die Feilen, Hämmer, Nägel, Schlösser, Schlüssel, Splinte, Farben, Stiele, Schwämme, im zweiten Obergeschoß die Roßhaare, Kokosmatten, leere Kisten usw.

Für die schweren Eisenteile werden besondere Schuppen zu ebener Erde angelegt, die zweckmäßig 6 m lichte Höhe erhalten, um die Eisenstangen darin aufstellen zu können.

Außer den bereits erwähnten Ausgabe- und Verwaltungsräumen werden zweckmäßig in Zusammenhang mit den Lagerhäusern Aufenthaltsräume und Abortanlagen für die in ihnen beschäftigten Arbeiter und Arbeiterinnen vorgesehen.

## 2. Lager für feuergefährliche Stoffe.

Besondere Einrichtungen erfordern die Lager von feuergefährlichen Flüssigkeiten und Brennstoffen. Man unterscheidet dabei schwer und leicht entflammbare Flüssigkeiten. Für die Lagerung der letzteren bestehen wegen ihrer Gefährlichkeit meist besondere polizeiliche Vorschriften. Danach gelten im allgemeinen bei Zusammenlagerung verschiedener Flüssigkeitsarten die für die am leichtesten entflammbaren ergangenen Bestimmungen auch für die übrigen Flüssigkeiten, selbst wenn sonst keine Beschränkung für sie bestände; deshalb empfiehlt es sich, sie nach dem Grade ihrer Entflammbarkeit zu trennen und die schwerentflammbaren, wie Mineralschmieröle, Dynamoöle, Zylinderöle Rüböle usw., getrennt von den leichtentflammbaren, wie Petroleum und Putzöl, zu lagern.

Für die ersteren, die den Hauptteil der zur Verwendung gelangenden feuergefährlichen Flüssigkeiten bilden, bestehen meist keine besonderen Vorschriften, so daß sie in beliebiger Menge in hölzernen oder eisernen Fässern, wie sie nach Handelsgebrauch geliefert werden, gelagert werden können. Die Fässer enthalten meist 200 l oder 150 kg Flüssigkeit und sind 85—88 cm lang bei 60 cm Durchmesser; hierzu kommen meist noch in der Mitte zwei etwa 3 cm hohe Rollreifen, so daß ihr größter Durchmesser 66 cm beträgt. Doch kommen auch größere Abmessungen, z. B. 75 cm Durchmesser bei 100 cm Länge für Dynamoölfässer, vor. Die betreffenden Abmessungen müssen in jedem einzelnen Falle vor der Entwurfbearbeitung festgestellt werden. Im allgemeinen rechnet man für je 10 Faß 6 qm Lagerfläche. Die Fässer der Bestände werden in höchstens drei

Lagen, meist nur in zwei Lagen, übereinander gestapelt, ein Teil, etwa ein Fünftel, der die bald nach dem Eingang wieder weiter zu versendenden Mengen umfaßt, sogar nur in einfacher Lagerung. Für einen Lagerraum für 7500 Faß z. B. würde die Größe also folgendermaßen zu ermitteln sein:

$$\begin{array}{rr} {}^1/_5 \cdot 7500 \cdot {}^6/_{10} = & 900 \text{ qm} \\ \frac{1}{2}\,[{}^4/_5 \cdot 7500 \cdot {}^6/_{10}] = & 1800 \text{ ,,} \\ \hline \text{zus.} & 2700 \text{ qm} \\ \text{Für Gänge etwa 20 v. H.} & 540 \text{ qm} \\ \hline \text{gibt zusammen} & 3240 \text{ qm} \end{array}$$

als erforderliche Grundfläche; hierzu würden noch 20 v. H. etwa an Nebenraum für leere Fässer und für einen kleinen Nebenraum treten.

Der Fußboden der Öllager muß so tief eingesenkt werden, daß bei einem etwaigen Auslaufen der Fässer die gesamte Flüssigkeitsmenge aufgenommen wird und nicht zur Tür hinausfließt. Enthält z. B. ein 3200 qm großes Lager 200 000 kg Öl vom spezifischen Gewicht 0,8, also 2500 cbm, so müßte es $\frac{2500}{3200} = 0{,}8$ m tief eingesenkt werden. Der Höhenunterschied wird durch Rampen von 1 : 7 Gefälle im Eingang ausgeglichen. Der Fußboden wird mit Gefälle nach einem oder mehreren durch Gitter abgedeckten 50—300 l großen Senkkästen angelegt, in denen sich bei lecken Fässern das abtropfende Öl sammelt, damit es leicht herausgeschöpft werden kann. Der Fußboden wird am zweckmäßigsten als Zementestrich mit Eisenfeilspänen ausgeführt (vgl. S. 56). In der Nähe des Einganges sieht man eine versenkte Wage vor. Die Türen schlagen nach außen auf, die Fenster werden mit Drahtglas verglast und erhalten äußere schmiedeeiserne Schlagläden, die in gemauerten Falzen liegen, um sie bei Bränden leicht mit Sand dichten zu können. Die Eindeckung erfolgt feuersicher am zweckmäßigsten durch ein Holzzementdach auf gemauerten Kappen, das das Öl am besten im Winter gegen Kälte, im Sommer gegen Wärme und Verdunstung schützt. (Abb. 103 bis 107.) Zweckmäßig werden in den Öllagern Lüftungseinrichtungen vorgesehen.

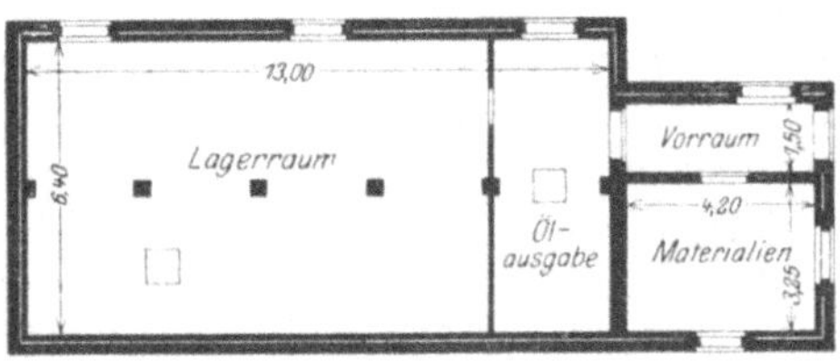


Abb. 103. Öllager.

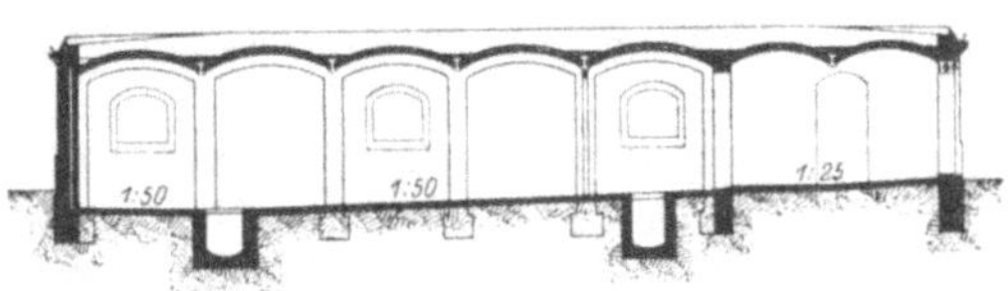


Abb. 104. Öllager.

Als sehr geeignet hat sich auch die Aufstellung großer Ölbehälter in einem Ober- oder Untergeschoß erwiesen, von wo aus durch Rohrleitungen die Öle zum Ausgaberaum geführt werden.

Die Lagerung von leicht entflammbaren Flüssigkeiten wie Petroleum, Putzöl und dgl. ist je nach der Menge an verschiedene polizeiliche Vorschriften gebunden. Meist beschränken sie sich bei Mengen bis zu 10 000 kg darauf, daß sie nur die Lagerung in feuersicher abgeschlossenen Räumen fordern. Für Mengen von 10 000—50 000 kg wird in der Regel eine Schutzzone von 10 m, bei Aufbewahrung in freistehenden Tanks von 5 m gefordert, auf die jedoch bei ganz eingegrabenen Behältern verzichtet wird, während Mengen über 50 000 kg nur bei einer allseitigen Schutzzone von 20—50 m gelagert werden dürfen. Es empfiehlt sich daher, über Mengen von 50 000 kg nicht hinauszugehen, und bei Bedarf lieber mehrere Lager dieser Größe, und zwar in möglichster Nähe der Verbrauchstellen zu errichten, jedoch so, daß sie einer gemeinsamen Verwaltung unterstellt werden können. Wird das Öl in Tanks, die am besten in die Erde eingegraben werden, aufbewahrt, so ist nur ein kleines Gebäude für die Ausgabe, die Pumpen und die Abzapfhähne erforderlich. Vielfach finden ausgemusterte Lokomotivkessel zu Tanks Verwendung.

## 3. Lager für Kohlen und Holz.

Von den Brennstoffen werden die Kohlen meist im Freien gestapelt, etwa 2 m hoch, Koks etwa 3 m hoch; neben dem Lagerplatz ordnet man eine 1,25 bis 2 m breite Bühne zum Aufstellen der Kohlenkörbe oder Förderwagen an Die Körbe fassen etwa je 50 kg Kohle. Eine Treppe führt zu der meist in Höhe der Oberkante des Tenders (2—2,5 m) angeordneten Bühne, die aus Bohlen auf Querschwellen besteht, gestützt durch Böcke oder gemauerte Pfeiler.

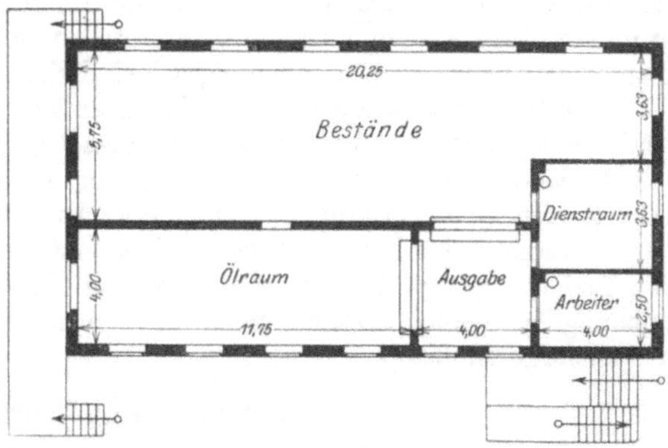

Abb. 105. Lagerhaus.

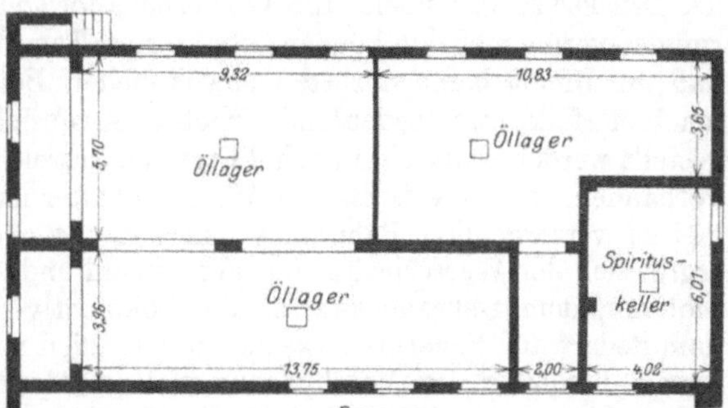

Abb. 106. Lagerhaus.

Abb. 107. Lagerhaus.

Für die Lagerung des von den Lokomotiven zum Anheizen gebrauchten Holzes errichtet man offene überdachte Lattenverschläge, nach Bedarf an der Wetterseite wohl auch mit Brettverschalung, in denen das Holz und die Reiserwellen gegen Diebstahl geschützt sind und doch von der Luft nach allen Richtungen durchstrichen werden. Bei der Raumermittelung sind etwa 40 v. H. für die leeren Zwischenräume zu rechnen.

In den Werkstätten werden größere, ebenfalls offene Lagerschuppen für die Balken, Bretter und Bohlen notwendig.

# H. Wassersammelbehälter.

## 1. Allgemeines.

Von großer Bedeutung für die Aufrechterhaltung des Betriebes ist die genügende und schnelle Versorgung der Lokomotiven und ihrer Tender mit gutem Speisewasser. Zu diesem Zwecke ordnet man hochgelegene Wassersammelbehälter an, von denen aus erst die Verteilung auf dem Bahnhof erfolgt, um auf diese Weise die Schwankungen im Wasserzulauf und Wasserverbrauch auszugleichen.

Der Wasserzulauf wechselt mit der Witterung und den Jahreszeiten, so daß eine von ihnen unabhängige Aufspeicherung notwendig wird, während der Wasserverbrauch hinwieder zu bestimmten Tageszeiten den Zulauf übersteigen würde, also ebenfalls die Aufspeicherung der Überschüsse zu anderen Stunden des Tages erfordert. Dazu kommt, daß die Anordnung der Sammelbecken in bestimmter Höhe an den Wasserentnahmestellen einen sich stets gleichbleibenden Druck und damit gleiche Ausflußgeschwindigkeit ergibt.

Das Wasser wird auf den Bahnhöfen außer zur Speisung der Lokomotiven und Tender und dem Auswaschen der Kessel zu Trinkzwecken, zur Reinigung der Gebäude, Wagen und Bahnsteige, zur Versorgung der Werkstätten und Aborte und zu Feuerlöschzwecken gebraucht.

Grundlegend für die Anlage der Wasserstationen sind die „Grundzüge für die Errichtung von Bahnwasserwerken und Vorschriften für die Wasseruntersuchung“[1]), deren Bestimmungen in den nachstehenden Ausführungen berücksichtigt sind.

## 2. Größe und Form.

Errichtet sollen Wassertürme möglichst im Schwerpunkt der von ihnen zu versorgenden Gebiete werden, um eine günstige Verteilung der Leitungen und des Druckes zu gewinnen. Die Wasserbehälter sollen, um notwendige Ausbesserungen vornehmen zu können, wenn nur Tagesbetrieb besteht, so groß sein, daß ihr Inhalt beim stärksten gewöhnlichen Betriebe 20 Stunden, im Mobilmachungsfalle, wo bedeutend erhöhte Ansprüche an die Wasserversorgung gestellt werden, immerhin noch 4 Stunden ausreicht. Ist Tag- und Nachtbetrieb vorhanden, so ist die Größe der Wasserbehälter nach dem größten Wasserbedarf des zu versorgenden Bahnhofes innerhalb 24 Stunden zu bemessen. Hierbei ergibt sich der Wasserbedarf aus der Anzahl und Art der zu versorgenden Lokomotiven, dem Gebrauchswasser für Lokomotiv- und Wagenschuppen u. dgl., dem Bedarf für Feuerlöschzwecke und endlich aus außergewöhnlichen Verhältnissen, besonders im Mobilmachungsfalle. Als Anhalt für den Verbrauch der Lokomotiven sei erwähnt, daß für die durchgehenden großen Schnellzüge Tender von 31 cbm Wasserfassungsvermögen mitgeführt werden, und die Leistung der neueren Wasserkräne 10 cbm in der Minute beträgt. Für Militärzüge rechnet man einen durchschnittlichen Wasserverbrauch von 150 l für einen Kilometer. Jedenfalls beschränkt man mit Rücksicht auf die Kosten die Größe des Wasserbehälters möglichst.

Die Unterkante des Wasserbehälters soll mindestens 10 m über Schienenoberkante liegen, wenn nicht zu Feuerlöschzwecken mit Rücksicht auf die Lage, Höhe und Entfernung der betreffenden Gebäude oder wegen der Entfernung der zur Speisung der Lokomotiven bestimmten Krane größere Höhen erforderlich werden, die in jedem einzelnen Falle berechnet werden müssen. Im allgemeinen kann man bei größeren Entfernungen als 800 m für je 200 m an Mehrhöhe 1 m rechnen.

---

[1]) Eisenbahn-Nachrichten-Blatt 1907, Nr. 34.

Die Wandstärken der meist aus Schmiedeeisen gebildeten Behälter bemißt man mit Rücksicht auf das Rosten auf mindestens 6 mm, trotzdem z. B. für einen Behälter von 500 cbm Fassungsvermögen noch 3,5 mm Blechstärke genügen würde. Bei großen Behältern muß die Stärke der Wandung berechnet werden. Die kleinen Behälter (bis zu 50 cbm Inhalt) bildet man aus Blechzylindern mit Kugelboden, die größeren nach der Intzeschen, Barkhausenschen und Schäferschen Form aus. Den letzteren drei Formen liegt der Gedanke zugrunde, alle Teile der Behälterwandung möglichst gleichmäßig zu beanspruchen, und zwar auf Zug, nicht aber auf Druck, wodurch Verbiegungen entstehen können. Die Intzesche Form hat den Nachteil, daß sie wegen der Vielgestaltigkeit der Blechformen und der schwer dicht auszuführenden Auflagerringe schwierig herzustellen ist.

Bei den anderen Formen bietet ein eiförmiger Behälter einem kugelförmigen gegenüber keine besonderen Vorteile, am empfehlenswertesten dürfte eine Halbkugel mit anschließendem Zylinder sein, weil diese Form am leichtesten zugänglich und zu reinigen ist. Die Entstehung von Druckspannungen bei diesen Behältern wird vermieden, wenn die Höhe des Zylinderteiles weniger als $\frac{2}{3}$ des Kugelhalbmessers beträgt. Der Kugelhalbmesser selbst ergibt sich aus der Formel: $r = 0{,}62035 \sqrt[3]{J}$, wo J der Behälterinhalt ist. Die Intzesche Form hat dagegen den Vorteil, daß die Unterstützung des Behälters einen kleineren Durchmesser erhalten kann. Dieser Vorteil wird aber um so geringer, je höher die Untermauerung wird, weil sie mit zunehmender Höhe um so größeren Durchmesser nach unten mit Rücksicht auf die Standsicherheit gegen Winddruck erhalten muß.

Häufig empfiehlt es sich, die Behälter durch einen eingesetzten Umdrehungskörper zu teilen, damit bei einer Reinigung von Schlamm oder bei Ausbesserungen immer noch der andere Teil des Behälters zur Verfügung steht. Um die Behälter leicht zugänglich zu machen empfiehlt es sich außerdem in ihrer Mitte einen runden Schacht zu schaffen, innerhalb dessen eine Leiter oder Treppe bis zur Oberkante des Behälters führt.

Der Unterbau wird massiv oder in Eisen hergestellt. Ersteres empfiehlt sich in den meisten Fällen, weil dann der Unterbau gleich zur Aufstellung der Filter, Pumpen usw. verwandt werden kann.

Wasserbehälter, die nicht dauernd in Benutzung sind, müssen überdeckt und, wenn sie in rauhen Gegenden stehen, ummantelt werden. Der Raum zwischen der Ummantelung und dem Behälter soll nicht unter 80 cm betragen, damit man bequem den Anstrich erneuern und die Niete nachprüfen kann. Zu diesem Zwecke werden je nach der Höhe ein oder mehrere Umgänge vorgesehen, die vom Tropfboden aus mittels Leitern zugänglich gemacht werden und gut beleuchtet sein sollen. Die Ummantelung muß entlüftet werden. Meist geschieht dies durch schräggestellte Klappen, damit kein Regen hineintreiben kann. Die Ummantelungen selbst werden in der Regel in Holz oder in Monierbauweise ausgeführt, doch kommen auch massive Ummantelungen, Verschieferungen u. dgl. vor.

Etwa 1,5 m unterhalb des Behälters ordnet man den sogenannten Tropfboden an zur Sammlung des Schweißwassers, das von hier in die Überlaufleitung abgeführt wird.

Wechselt das Wasser in den Behältern längere Zeit nicht, so sind Heizeinrichtungen anzuordnen, um ein Einfrieren zu verhüten, meist in Form von eisernen Öfen, die die Luft in der Ummantelung erwärmen, oder von Kokskörben, wenn nur wenige Tage in Frage kommen. Das Durchführen der Rauchrohre über Dach stößt bei den Intzeformen, bei denen der Unterbau gegenüber dem ausladenden Behälter stark eingezogen ist, meist auf Schwierigkeiten, wenn nicht in der Mitte des Bottichs ein Schacht für eine schmale bis zum oberen Rand führende Wendeltreppe angelegt wird, innerhalb dessen auch das Rauchrohr hochgeführt werden kann.

Der Stand des Wassers im Bottich muß durch eine Anzeigereinrichtung beobachtet werden können. Sie besteht meist aus einem Schwimmer aus Kork oder Blech, an dem eine Kette oder Schnur befestigt ist, die über Rollen geführt ist und am Ende einen Zeiger trägt, der an einer senkrechten mit Marken eingeteilten Latte entlang gleitet und damit die jeweilige Höhenlage des Schwimmers angibt. Vielfach wird auch der Wasserstand durch elektrische Fernzeiger im Pumpenhaus angezeigt. Um ein Überlaufen des Wassers zu verhindern, werden Überlaufrohre, die in das Entleerungsrohr führen, angeordnet. Das Entleerungsrohr läßt man auch das Dachwasser aufnehmen. Die Rohrleitungen sollen so weit sein, meist 200 cm, daß das Füllen der Tender nur wenige Minuten erfordert. Nach § 59[3] der technischen Vereinbarungen für den Bau und die Betriebseinrichtungen der Haupt- und Nebenbahnen 1909 soll die Leistung der zum Schnellzugdienst bestimmten Wasserkrane mindestens 5 cbm in der Minute betragen. Die Rohrleitungen werden zweckmäßig innerhalb des Unterbaues in einem gemauerten Schacht hinabgeführt, der nur durch einzelne Türen in den verschiedenen Turmgeschossen zugänglich ist, und der gelüftet werden kann, weil sonst durch das an den Leitungen sich niederschlagende Wasser sämtliche von ihnen berührten Räume feucht und damit für andre Zwecke, etwa für Lager- oder Aufenthaltsräume, unbenutzbar werden.

## 3. Unterbau.

Um den Unterbau des Turmes wirtschaftlich ausnutzen zu können, empfiehlt es sich wenn irgend angängig, die nach oben führende Treppe nicht, wie meist geschieht, an der Außenwand innen ringsherum zu führen, sondern innerhalb oder außerhalb des Turmes in abgeschlossene Treppenhäuser zu verlegen; der verbleibende Hohlraum läßt sich dann leicht verwerten.

In den meist sehr starken Grundmauern werden zweckmäßig von vornherein Löcher zur Durchführung der Rohrleitungen ausgespart, deren Größe, Lage und Führung vorher zu bestimmen sind. In Geländehöhe ist eine Tür von solcher Größe anzulegen, daß die einzelnen Platten der Bottiche, wenn sie innerhalb des Turmes aufgewunden werden, oder die einzelnen Teile der Filter usw. hindurchbefördert werden können, ebenso wie später etwaige Ersatzteile; nur in seltenen Fällen wird eine größere Höhe oder Breite als 2,50 m hierzu erforderlich sein. Auch bei der Anordnung der Träger für die inneren Zwischendecken ist auf das Durchwinden der einzelnen Bottichplatten, die erst oben an Ort und Stelle zusammengenietet werden, Rücksicht zu nehmen.

Das Mauerwerk des Turmes soll aus guten harten Steinen ausgeführt werden; es wird außen verputzt oder verblendet; innen genügt in der Regel glattes Fugen und Schlemmen. Wird der Sockel ganz oder teilweise mit Werksteinen verblendet, so empfiehlt es sich, sie erst nachträglich und nach dem Füllen der Bottiche zu versetzen, weil sonst durch die beim Setzen entstehenden Kantenpressungen leicht Risse in den Werksteinen entstehen.

Das Mauerwerk erhält im oberen Teil 38 cm Stärke, bei Türmen von mehr als 8 m äußerem Durchmesser 51 cm Stärke, und wird auf je etwa 10 m Höhe um einen halben Stein verstärkt. Als Abschluß des Mauerwerkes empfiehlt sich die Anordnung eines harten Werksteinringes zur Aufnahme des Druckringes des Wasserbottichs. Soll der Turm geputzt werden, so mauert man zweckmäßig mit vorn offenen Fugen und putzt mit hydraulischem Kalk, wodurch der Putz wesentlich haltbarer wird.

## 4. Ummantelung und Dach.

Die Ummantelung des Bottichs wird erst nach dessen Fertigstellung aufgebracht. Sie muß, wie schon erwähnt, hell erleuchtet sein und soll so ausgebildet

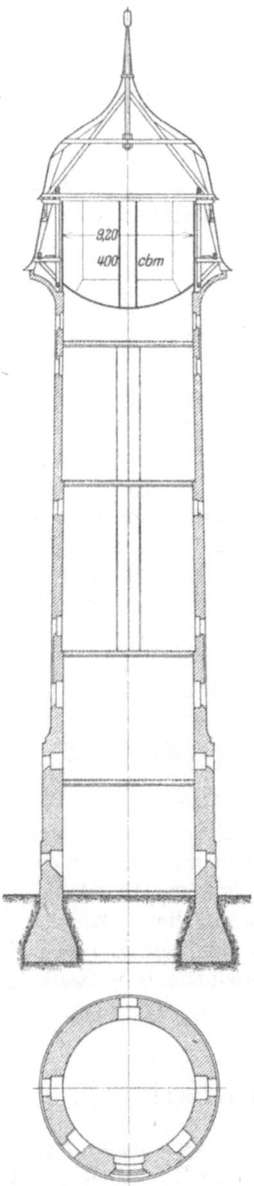


Abb. 108. Wasserturm in Stralau-Rummelsburg.

Abb. 109. Wasserturm in Stralau-Rummelsburg.

werden, daß überall die Nietungen nachgesehen und nachgeschlagen und die Anstriche erneuert werden können. Zweckmäßig wird sie für sich verbunden ohne Zusammenhang mit dem Bottich, damit dieser, wenn nötig, ganz oder teilweise ausgewechselt werden kann. Aus dem gleichen Grunde empfiehlt es sich auch, den Dachverband vollkommen frei vom Bottich auf dem Mauerwerk aufzustellen Zur Aufhebung der Schubspannungen ordnet man im Innern des Gespärres einen Ring mit nachstellbaren Zugstangen von so großem Durchmesser an, daß der Austritt aus der in der Achse des Bottichs hochführenden Treppe nicht behindert wird.

Das Holzwerk wird mit Karbolineum gestrichen, damit es in der dauernd feuchten Luft nicht fault.

Es empfiehlt sich nicht, die Wassertürme mit Pappdächern zu versehen, deren Anlagekosten nicht so wesentlich geringer wie die der steileren Ziegel- oder Schieferdächer sind, daß dadurch die bei ihnen viel häufigeren und höheren Unterhaltungskosten aufgewogen würden, namentlich wegen der jedesmaligen großen Rüstungskosten.

Um die Unterhaltung der Ziegeldächer noch mehr einzuschränken, nagelt man zweckmäßig jeden Ziegel mit zwei Kupfernägeln an, die nicht durchrosten; auch für Schieferdächer empfiehlt sich aus dem gleichen Grunde Kupfernagelung.

Bei hohen Türmen kann von Dachrinnen abgesehen werden, aber nicht von Schneefanggittern und Blitzableitern. Letztere bedürfen keiner besonderen Erdleitung, es genügt vielmehr sie mit dem Wasserbottich zu verbinden.

### 5. Äußere Ausbildung.

Des besseren Aussehens halber empfiehlt es sich bei runden Türmen, nur den oberen Teil, etwa zwei Drittel des Schaftes, zu verjüngen, den unteren Teil aber senkrecht zu mauern. Bei der in der Regel ganz freien Lage der Wassertürme ist es schwer, sie bei den meist nur geringen zur Verfügung stehenden Mitteln der Örtlichkeit anzupassen. Vielfach ist versucht worden, sie ähnlich mittelalterlichen Burg- und Stadttürmen auszuführen, doch wird dies nur selten durch die Rücksicht auf die Umgebung gerechtfertigt werden. Im allgemeinen wird man an den Wassertürmen alle sogenannten Schmuckformen vermeiden und den Hauptwert auf eine gute Umrißlinie legen müssen, was sich meist durch entsprechendes Herunterziehen des Daches wird ermöglichen lassen (Abb. 108 u. 109).

# III. Bauten für die Verwaltung.

Die Verwaltung der Eisenbahnen liegt in den Händen der Direktionen, denen die Betriebs-, Verkehrs-, Maschinen- und Werkstättenämter unterstellt sind, denen weiter nachgeordnet sind: die Bahnmeistereien und die Werkmeistereien. Dazu treten noch gelegentlich besondere Dienststellen, wie die Bauabteilungen, Abnahmeämter, Linienkommissionen, Verkehrskontrollen, Kleidermagazine, Drucksachenlager u. dgl., doch bedürfen diese keiner besonderen Erörterung, weil ihre Einrichtung sich der der anderen entsprechenden Verwaltungsstellen völlig anschließt.

## A. Geschäftsgebäude der Direktionen.

Die Geschäftsgebäude der Direktionen unterscheiden sich von ähnichen größeren Verwaltungsgebäuden nur in kleineren Einzelheiten. Wie jenen gibt man ihnen gern eine leicht auffindbare, wenn angängig völlig freistehende Lage an verkehrsreichen Straßen oder öffentlichen Plätzen. Von den Straßen scheidet man sie gern durch 5 m breite Vorgärten. Die Grundform ist vom Bauplatz abhängig, doch vermeidet man unregelmäßige Formen, weil sie leicht die Klarheit des Grundrisses beeinträchtigen.

In der Hauptsache handelt es sich um die Beschaffung einer erheblichen Anzahl großer und kleiner Zimmer, die an einer Seite oder zu beiden Seiten von gut zu beleuchtenden Fluren aufgereiht werden. Hierzu treten noch einige größere Räume wie Kasse, Sitzungssaal, Bücherei, Plankammer, Lichtbildaufnahmeräume u. dgl. sowie einige Dienstwohnungen für Pförtner, Heizer und mehrere Bureaudiener, unter Umständen auch für den Direktionspräsidenten, vgl. S. 121.

Meist bestehen die Gebäude aus einem Sockelgeschoß, einem Erdgeschoß und zwei bis drei Obergeschossen; das Sockelgeschoß erhält 3,20 bis 3,30 m Höhe, das Erdgeschoß 4,00 bis 4,30 m, das Hauptgeschoß 4,30 bis 4,50 m und das zweite und dritte Obergeschoß 4,20 bis 4,30 m; besser ist auch hier 4,50 m Höhe. Auf möglichst feuersichere Ausführung, gute Lüftung und Heizung ist Bedacht zu nehmen.

Um die Größe des Gebäudes zu bestimmen, legt man meist die vorhandene Zahl der Beamten usw. zugrunde, vermehrt um einen Zuschlag von 10 bis 15 v. H. Bei einem Bestande von 300 Köpfen z. B. würde also ein Gebäude für 330 bis 345 zu errichten sein.

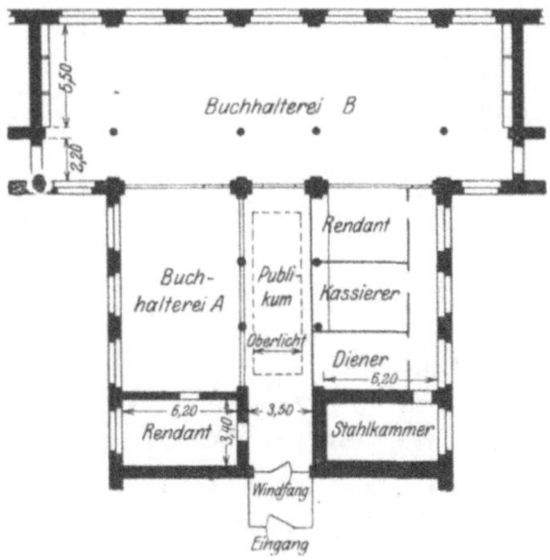


Abb. 110. Kassenanordnung.

**a) Arbeitszimmer.** Die Größe der e i n z e l n e n Z i m m e r ist durchschnittlich für jeden Beamten auf 12 qm, für die Mitglieder und Hilfsarbeiter auf mindestens 24 bis 30 qm, besser auf 27 bis 36 qm zu bemessen; außerdem sind einzelne größere Zimmer von etwa 40 qm vorzusehen für Beamte, die große Mustersammlungen, Proben, Karten u. dgl. ausliegen haben. Die Fensterachsen für diese Räume erhalten 3,00 bis 4,00 m Abstand, der für die sonstigen Räume auf 2,65 m ermäßigt werden kann, ein Maß, das sich erfahrungsgemäß als ausreichend für Bureauräume und Zeichensäle erwiesen hat. Die Zimmer erhalten eine Tiefe von mindestens 5,20 bis 5,50 m, besser von 5,50 bis 6,30 m. Verbindungstüren zwischen den einzelnen Räumen sind nur ausnahmsweise erforderlich. Außer den Einzelräumen sind

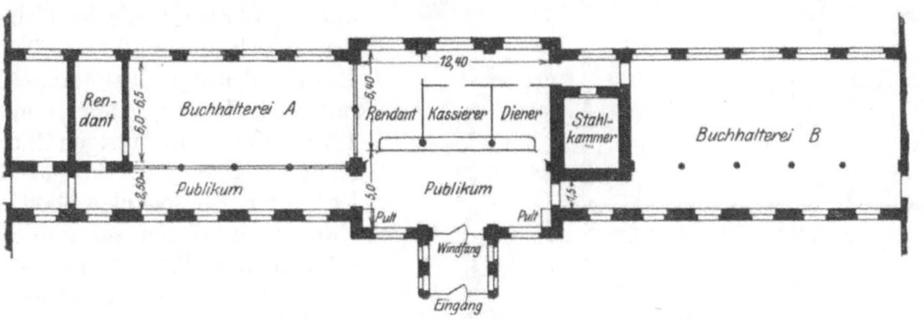


Abb. 111. Kassenanordnung.

auch Zimmer für mehrere Beamte, selten aber für mehr als acht, abzuteilen, z. B. als Zeichensäle, Plankammern, Telegraphenräume, Registraturen usw.

Die Flure erhalten 2,00 m, besser 2,50 m Breite bei einseitiger, 2,50 m, besser 2,80 m Breite bei zweiseitiger Bebauung. Hallenartige Erweiterungen der Flure, die als Warteräume dienen können, sind an geeigneten Stellen erwünscht. Es ist zweckmäßig, an den Enden der Flure die Treppenhäuser vorzusehen, weil sie hier besonders wirksame Lichtquellen in der Längsrichtung der Flure sind, auch leicht überblickt und aufgefunden werden. Die Laufbreite

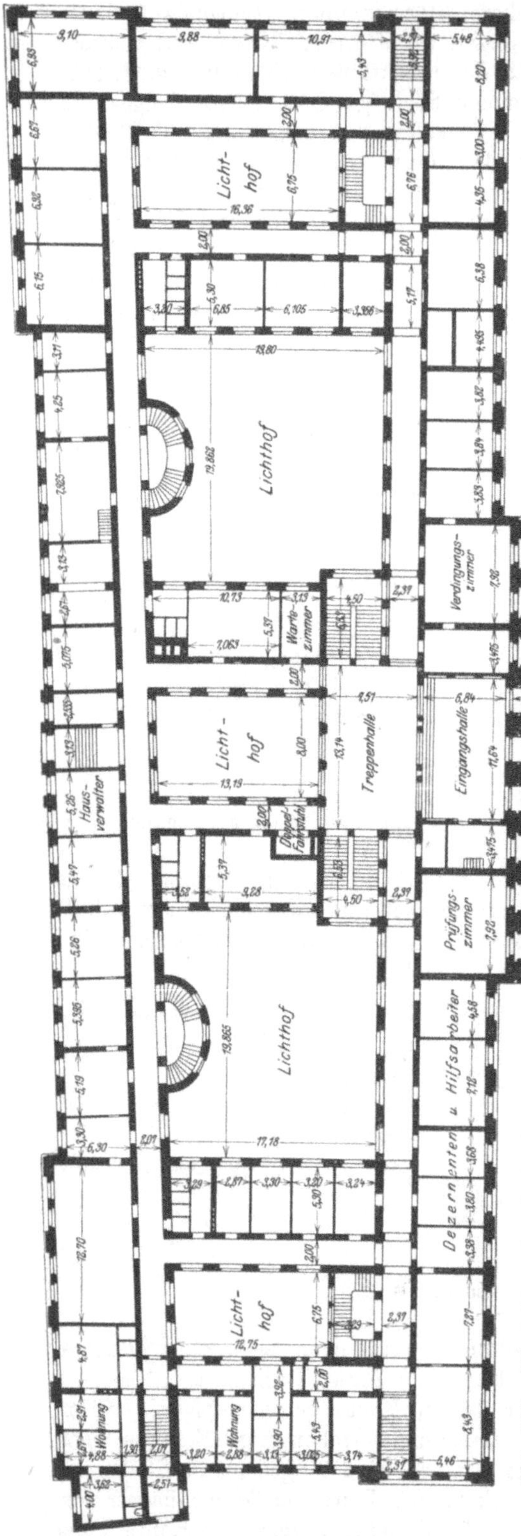


Abb. 112. Direktionsgebäude in Cöln. (Erdgeschoß.)

der Treppen ist zu 1,60 bis 2,00 m zu wählen. Die Haupttreppe ist so zu legen, daß sie vom Haupteingang aus gesehen werden kann. Mit Rücksicht auf die Bedeutung der Verwaltungsstelle ist die Haupttreppe in ansehnlichen Abmessungen anzulegen und mit einer größeren Eingangsvorhalle auszustatten.

In jedem Geschoß sind Abortanlagen, getrennt für höhere und mittlere, männliche und weibliche Angestellte vorzusehen, in deren Vorräumen Wasserzapfstellen mit Waschbecken und Ausgüssen anzuordnen sind. Außerdem erhält jedes Geschoß Zimmer für Bureaudiener und ein Fernsprechzimmer. Zur Verbindung der Geschosse untereinander dienen Aktenaufzüge mit Handbetrieb innerhalb der Bureaudienerzimmer und möglichst ein größerer in eine Nebentreppe einzubauender Fahrstuhl mit Kraftantrieb zur Beförderung schwerer Modellstücke u. dgl. Auch die Anlage eines Personenaufzuges in der Nähe der Haupttreppe ist erwünscht.

Im Sockelgeschoß werden zunächst untergebracht: Die Heizkeller nebst Kohlenräumen und der Werkstatt für den Heizer; der Kesselraum muß, um für die Rücklaufleitung das nötige Gefäll zu erhalten, tiefer, meist 1,5 m tiefer, als die übrigen Räume eingesenkt werden. Ferner verlegt man ins Sockelgeschoß die Räume, in denen schwere Maschinen oder Pressen aufgestellt werden müssen, wie die Druckerei mit ihren Nebenräumen zur Aufbewahrung der Drucksachen, der Platten, des Altpapiers, der Vorräte, der Kisten und der Packgegenstände. Außerdem sind im Sockelgeschoß eine Reihe feuersicherer gewölbter Räume mit Wandbrettern vorzusehen zur Aufbewahrung der Grundakten, Grundstückspläne und -inventarien nebst Zubehörregister, so-

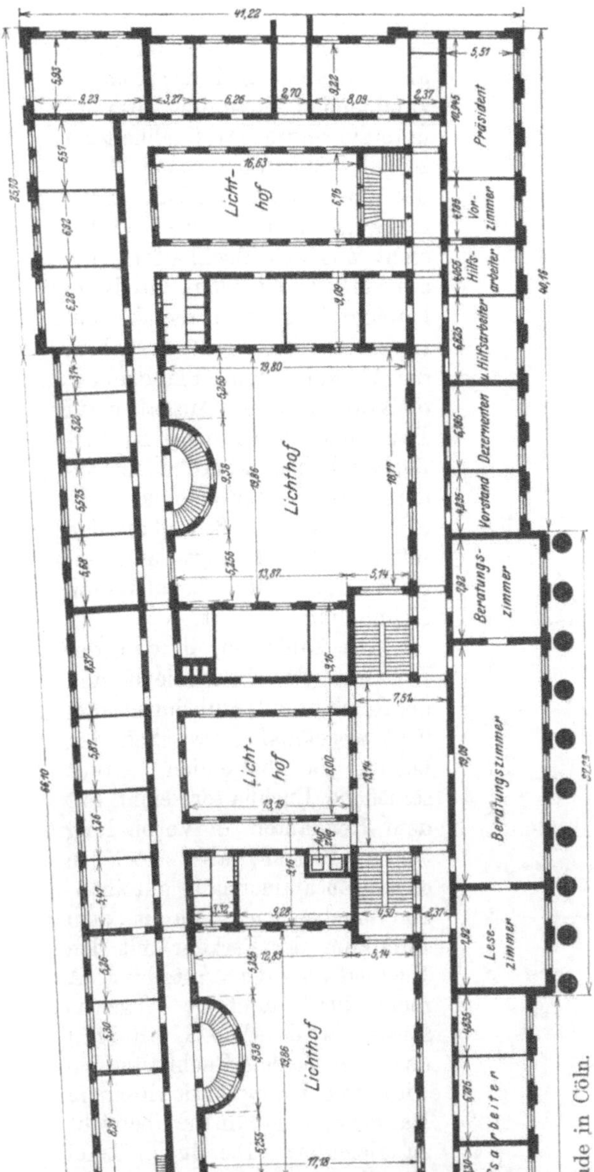


Abb. 113. Direktionsgebäude in Cöln. (1. Obergeschoß.)

wie zur Aufbewahrung der ausgereihten Kassenbelege und -bücher und, wenn nötig, auch zur Einrichtung einer diebessicheren Stahlkammer für Wertpapiere und Barbestände, die durch eine Treppe mit dem darüber liegenden Kassenraum im Erdgeschoß verbunden wird. Auch ist auf die Anlage von Durchfahrten zur Verbindung der einzelnen Höfe mit der Straße und auf die Schaffung geeigneter Räume zum Unterstellen von Kraftwagen und Fahrrädern sowie zur Aufbewahrung von Benzin Bedacht zu nehmen. Der im Sockelgeschoß verbleibende Raum wird zu Lager- und Inventarienräumen, zu Wirtschaftskellern sowie zu Wohnungen für den Pförtner, den Heizer und mehrere Bureaudiener verwandt. Diese Wohnungen erhalten etwa 60 qm Grundfläche; über ihre Einrichtung usw. vgl. S. 109.

Der Haupteingang erhält eine Vorfahrt und einen geräumigen Windfang; er muß vom Pförtnerzimmer aus übersehen werden können. In seiner Nähe soll Platz zur Aufbewahrung von Fahrrädern mit den entsprechenden Gestellen und Einrichtungen vorhanden sein.

**b) Kasse.** Im Erdgeschoß sind die Räume unterzubringen, in denen ein starker öffentlicher Verkehr stattfindet, in erster Linie die Kasse. Sie soll leicht auffindbar in der Nähe des Haupteinganges oder eines besonderen Einganges liegen, sehr gut, möglichst von zwei Seiten, wenn nötig unter Zuhilfenahme von Oberlicht, beleuchtet sein und ausreichenden Raum für den Verkehr des Publikums bieten, das hier Geld oder Wertpapiere einzuzahlen oder abzuheben hat.

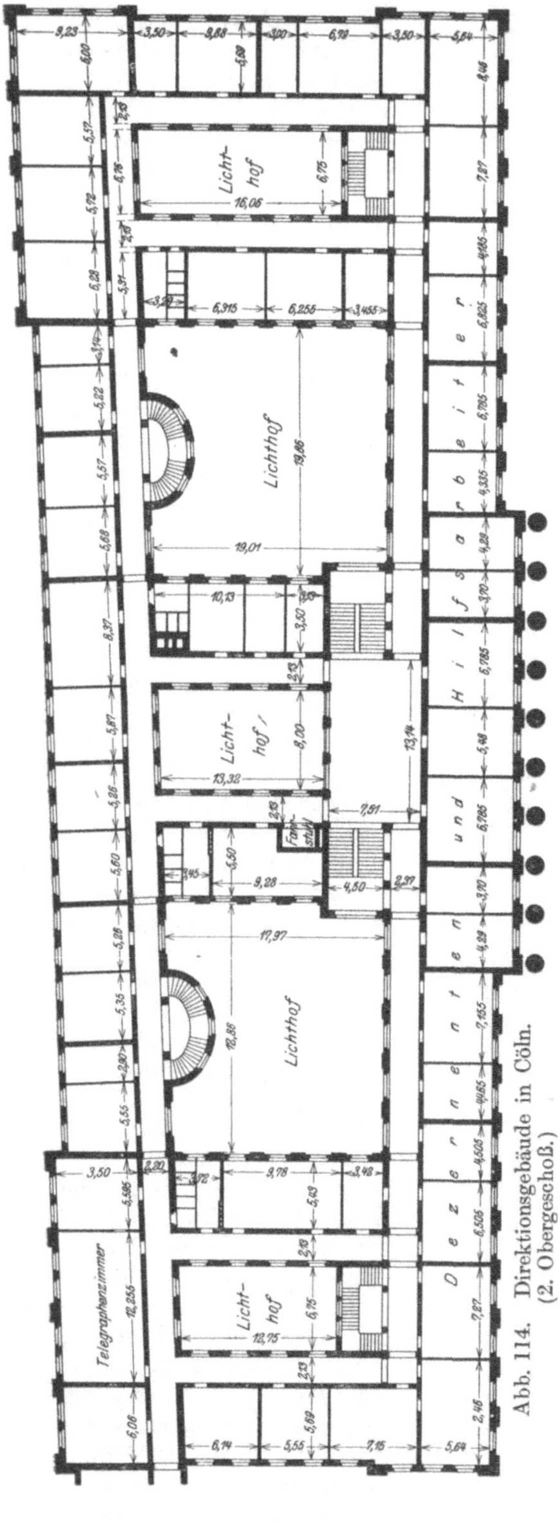

Abb. 114. Direktionsgebäude in Cöln. (2. Obergeschoß.)

Die Kasse zerfällt in zwei Teile, in den eigentlichen Zahlraum und in die Buchhalterei; zusammen sind in ihr selten mehr als — einschließlich der Neuauszubildenden — dreißig Beamte unterzubringen. Die Buchhalterei zerfällt wiederum in zwei Teile; der eine Teil A umfaßt selten mehr als zehn Beamte und besteht aus den Buchhaltern, die am Verkehr mit dem Publikum beteiligt sind, d. h. die die Betriebseinnahmen und -ausgaben, die Verwahr- und Pfandgelder, die Vorschüsse, die Ausgaben auf Bau- und Nebenfonds zu verbuchen haben, während der andere Teil B selten mehr als siebzehn Beamte umfaßt und aus den mit den Abrechnungs- und Registraturgeschäften beauftragten Buchhaltern besteht.

Der Zahlraum, in dem der Kassierer, der Kassendiener und der Rendant unterzubringen sind, liegt zweckmäßig zwischen den beiden Buchhaltereien, damit sämtliche Buchhalter leicht mit dem Rendanten in Verbindung treten können, aber doch in engem Zusammenhang miteinander bleiben, und damit dem Publikum der Verkehr mit den Buchhaltern der Abteilung A nicht durch unnötige Wege erschwert wird. (Abb. 110 u. 111.) Jede der beiden Buchhaltereien wird zweckmäßig für sich in einem Raum vereinigt, um die Übersicht zu erleichtern. Die Buchhalterei A soll vom Zahlraum und dem Rendantenzimmer aus gut übersehen werden können. Wenn es zur besseren Raumausnutzung wünschenswert ist, können einige Buchhalter der Abteilung B in der Abteilung A mit untergebracht werden, doch vermeidet man ihre gänzliche Vereinigung, weil die Häufung von mehr als zwanzig Beamten in einem Raum zu viel Unruhe und Störung verursacht. Zur Vermeidung

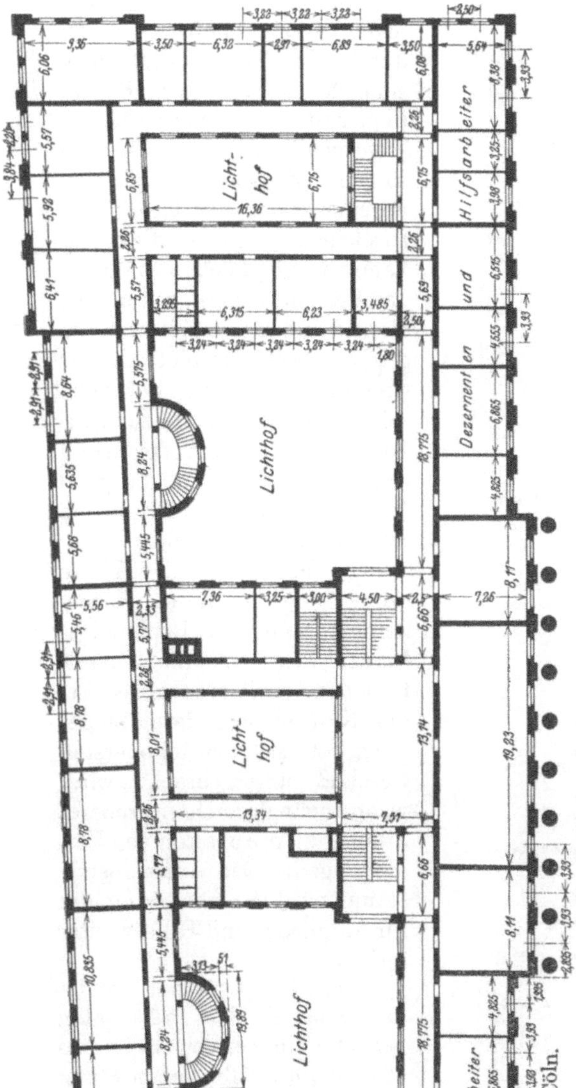


Abb. 115. Direktionsgebäude in Cöln. (3. Obergeschoß.)

von Geräusch ist der Fußboden des Zahlraums und der Buchhaltereien schalldämpfend zu belegen.

Die Kassenräume erhalten 6,00 bis 6,50 m Mindesttiefe; für gute Lüftung und einen Windfang zum Abhalten von Zugluft ist zu sorgen.

In dem Zahlraum sind Pulte zum Unterschreiben der Quittungen usw. und eine Bank für die Wartenden aufzustellen. Eine Schranke, die als Zahltisch ausgebildet wird, scheidet den Raum für den Kassierer ab, der allseitig durch etwa 1,80 m hohe Glas- oder Drahtwände abgeschlossen wird zum Schutz gegen Entwendungen und gegen Zugluft, bei der Papiergeld, Zinsscheine usw. leicht fortgeweht werden. Der Zahltisch soll besonders gut beleuchtet sein. Neben dem Kassierer erhält der Kassendiener einen ebenfalls recht hellen Raum zum Zählen und Verpacken des Geldes. Auf der anderen Seite des Kassierers liegt leicht zugänglich für die Buchhalter der Raum für den Rendanten während der Zahlstunden, von dem aus er, nur durch einen Zahltisch geschieden, mit dem Publikum verhandeln kann. Zu Besprechungen und Erledigung größerer Arbeiten außerhalb der Zahlstunden erhält der Rendant außerdem ein abgeschlossenes und geeignet gelegenes Zimmer. In der Buchhalterei A ist das Publikum durch eine Schranke von den Arbeitsplätzen der Beamten abzuhalten, damit es nicht unbefugte Einblicke in die Bücher und Belege gewinnt. Diese Schranke wird zweckmäßig zu kleinen Spinden mit Fächern für Papier, Vordrucke usw. ausgebildet. In den Buchhaltereien sind außer den Pulten die Schränke für die Belege aufzustellen.

Neben dem Kassierer- oder dem Kassendienerraum wird die

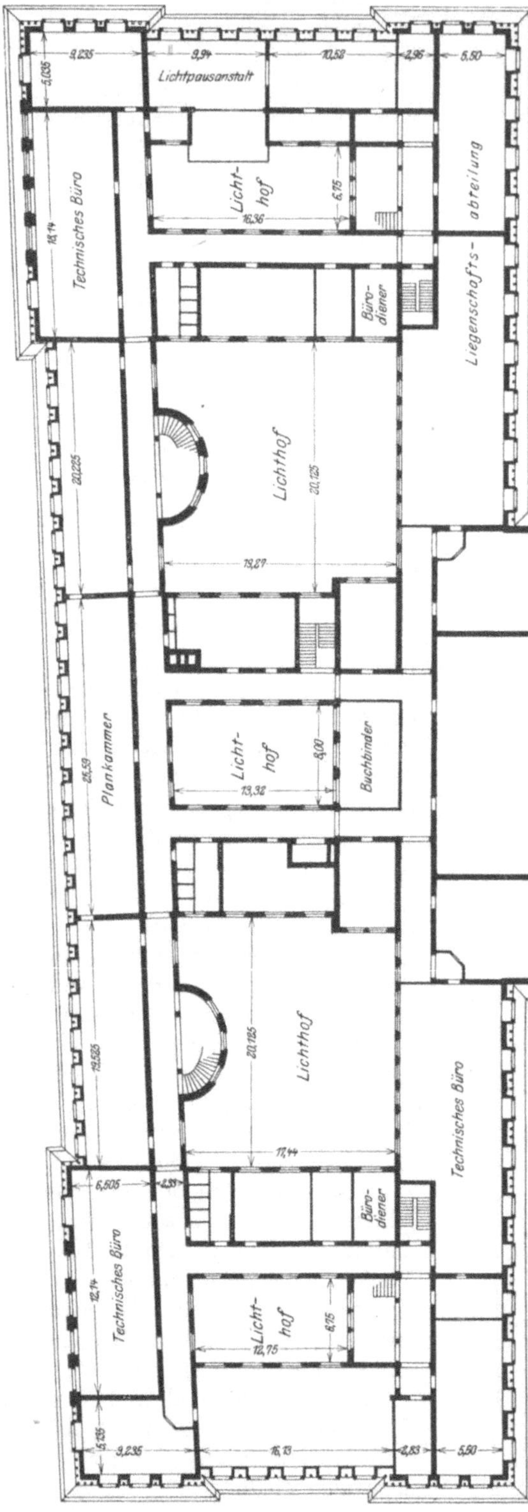


Abb. 116. Direktionsgebäude in Cöln. (Dachgeschoß.)

Stahlkammer mit feuer- und diebessicher gepanzerten Wänden angeordnet; sie kann auch in das Untergeschoß verlegt und durch eine Treppe zugänglich gemacht werden (vgl. S. 89), immer ist aber für ausreichendes Tageslicht und gute Lüftung zu sorgen. Zu letzterem Zwecke ist eine kräftige Gittertür vorzusehen, die tagsüber die Stahlkammer abschließt, während der Verschluß sonst durch eine eiserne und eine zweite eiserne gepanzerte Tür erfolgt. In der Stahlkammer werden Schränke mit Stahlblechrolläden zur Aufbewahrung der Wertpapiere und ein Geldschrank für die Barbestände sowie ein Klapptisch mit Stühlen aufgestellt.

In der Nähe der Kasse ordnet man ein Bureaudienerzimmer und das Rechnungsbureau an; ferner die Verwaltung der Arbeiterpensionskasse, die Kanzlei mit der Abfertigung, falls sie nicht im obersten Geschoß untergebracht wird, wenn angängig auch ein größeres Zimmer zum Abhalten von Verdingungen. Der verbleibende Raum wird zu Arbeitszimmern für Mitglieder und Hilfsarbeiter aufgeteilt.

Im Hauptgeschoß findet das Zimmer des Präsidenten nebst Vorzimmer von zusammen 70—80 qm Größe seinen Platz. Möglichst in seiner Nähe ist ein Warteraum mit kleiner Kleiderablage und ein Raum für einen Bureaudiener für Anmeldungen usw. sowie eine besondere Abortanlage mit Waschbecken anzuordnen. Anschließend an die Präsidentenräume legt man die Räume des Zentralbureaus, den Telegraphensaal und ein Fernsprechzimmer an; ferner gehören in die Nähe ein Beratungszimmer von 60—80 qm Größe und der Sitzungssaal.

**c) Sitzungssaal.** Der Sitzungssaal muß für jeden Teilnehmer etwa 1,50 bis 1,60 qm Grundfläche erhalten. Hierbei ist auf die zu Anfang erwähnte Vermehrung der Beamten um 10—15 v. H. Rücksicht zu nehmen. Die Größe schwankt zwischen 75 und 175 qm, seine Höhe zwischen 5,50 und 7 m. Häufig erhält er seine Lage als bevorzugter Raum in der Mitte des Gebäudes; doch wird vielfach auch die Lage an der einen Ecke des Gebäudes gewählt, was vorzuziehen ist, wenn die Präsidentenwohnung in einem dort anschließenden selbständigen Nebengebäude untergebracht ist, damit bei Festlichkeiten der Sitzungssaal in die Gesellschaftsräume einbezogen werden kann.

Der Sitzungssaal erhält eine einfache, aber seiner Bedeutung würdige Ausstattung. Es empfiehlt sich, in die Wandbekleidung einen Bücherschrank einzubauen zur Aufstellung der Verwaltungs- und Dienstvorschriften, der Streckenpläne usw.

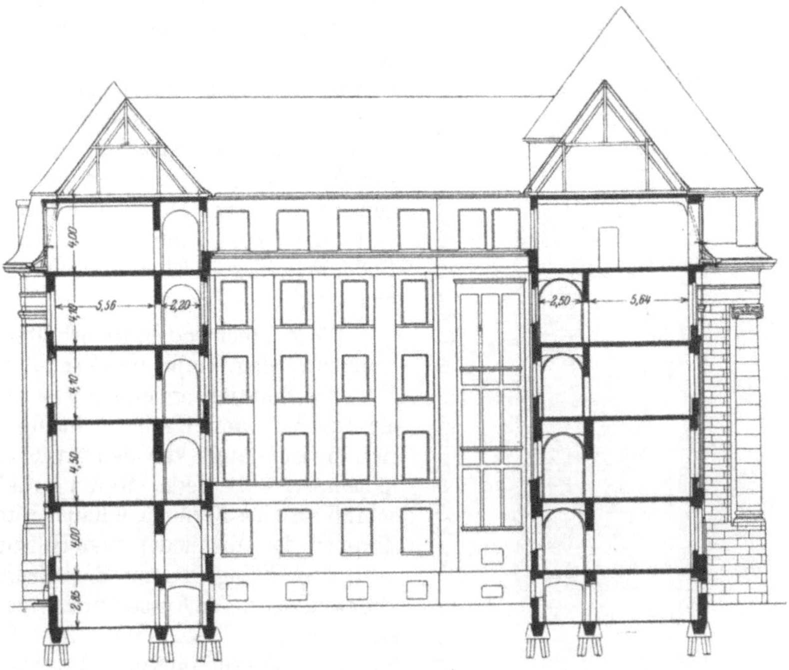


Abb. 117. Direktionsgebäude in Cöln. (Querschnitt.)

Auf dem Beratungstisch sind für je zehn Plätze etwa ein Klingeldruckknopf an langer Schnur zum Herbeirufen der Diener vorzusehen; auch auf die Aufstellung einer Tafel zum Aufhängen von Karten, Plänen usw. ist Bedacht zu zu nehmen, desgleichen auf gute Lüftung des Saales. In der Nähe des Sitzungssaales ist eine entsprechend große geräumige Kleiderablage mit Abortanlage und Wascheinrichtung, für die Warmwasserversorgung erwünscht ist, sowie ein Bureaudienerzimmer vorzusehen

**d) Sonstige Räume und Anlagen.** Im Hauptgeschoß ist ferner ein Raum zur Abhaltung von Prüfungen und Verdingungen sowie zum Unterricht erwünscht. Der verbleibende Raum wird zu Zimmern für die Mitglieder und Hilfsarbeiter, für die Linien-Kommission sowie für das Zentral-, Betriebs- und Verkehrsbureau verwandt.

Die weiteren Obergeschosse nehmen die übrigen Zimmer für Mitglieder und Hilfsarbeiter, das Landmesser- und technische Bureau auf, darunter ein oder mehrere Zeichensäle bis zu je 8 Köpfen, ferner die Plankammer und die Bücherei, je 100—200 qm groß, die Registratur, die Kanzlei, falls sie nicht

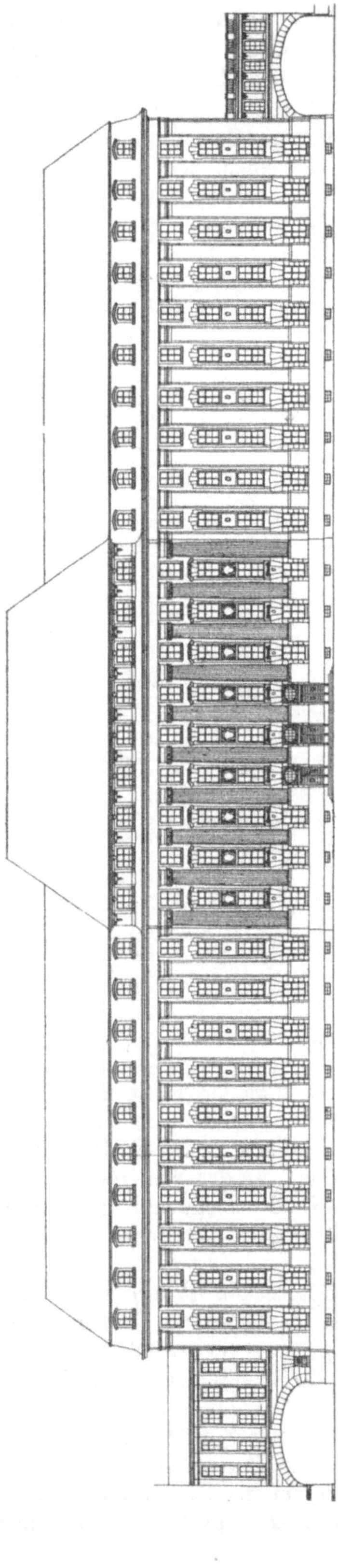

Abb. 118. Direktionsgebäude in Cöln. (Ansicht.)

bereits im Erdgeschoß untergebracht ist, und wenn möglich ebenfalls ein 50—70 qm großes Zimmer zum Abhalten von Verdingungen, endlich Warte- und Bureaudienerzimmer wie in den übrigen Geschossen.

Im Dachgeschoß wird zweckmäßig ein Raum für einen oder mehrere Vervielfältigungs- oder Pausapparate mit einem offenen geräumigen, freien Austritt und einem danebenliegenden Spülraum und ein etwa 20 qm großer, 6 m tiefer Raum zur Aufnahme von Lichtbildern vorgesehen, an den sich der mit Wasserspüleinrichtungen und roter und gelber Fensterverglasung versehene Dunkelraum und ein Plattenaufbewahrungsraum anschließt. Auch die Schaffung von Räumen zur Aufbewahrung der bei den Verdingungen eingereichten Proben und Muster und der bei Bohrungen ermittelten Bodenarten usw. ist im Dachboden erwünscht.

Die Zimmer und Flure erhalten meist Linoleumbelag. In jedem Geschoß werden Feuerlöscheinrichtungen vorgesehen. Ob elektrische oder Gasbeleuchtung einzurichten ist, hängt von den örtlichen Verhältnissen ab. Jeder Raum erhält Anschluß an eine Fernsprechhausleitung, die Zimmer der Mitglieder und Hilfsarbeiter außerdem Klingeln zum Herbeirufen der Bureaudiener. Die Ausstattung beschränkt sich auf die Beschaffung von Tischen, Stühlen, Schreibpulten, Aktenständern und -schränken, Waschtischen und Kleiderriegeln Kleiderschränke sind in der Regel nicht zu beschaffen[1]). An den Fenstern sind Stabläden oder Sonnenvorhänge vorzusehen. Die Kassenräume erhalten eine einbruchsichere Vergitterung. Die Heizung erfolgt durch Sammelheizung, am besten mittels Warmwasser.

Die architektonische Ausbildung der Direktionsgebäude soll der Bedeutung der Behörde angemessen, aber innen und außen frei von Pracht und Üppigkeit sein.

[1]) Eisenbahn-Nachrichten-Blatt 1908, S. 428.

# B. Dienstgebäude der Ämter.

## 1. Geschäftsräume.

Wesentlich einfacher sind die Dienstgebäude der Ämter. Sie enthalten Räume für den Amtsvorstand, für seinen Vertreter, wenn nötig für einen zweiten Vertreter oder Baumeister, für den ersten Bureaubeamten, für zwei bis vier Sekretäre und bei den Betriebsämtern für ein bis zwei Techniker und für eine Plankammer. Hierzu treten Räume für Wartende, für den Diener und für eine Abort-

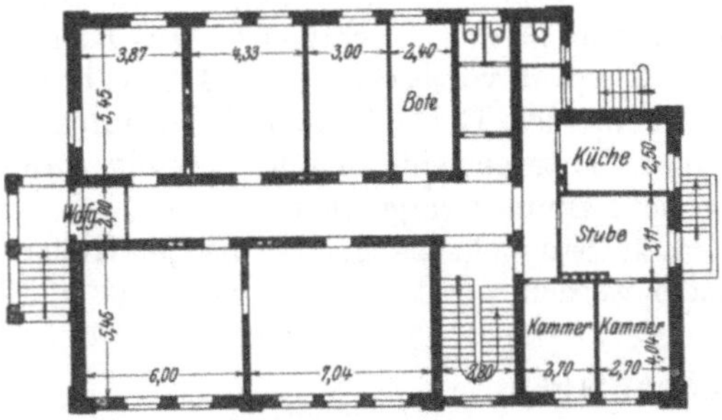


Abb. 119. Betriebsamtsgebäude in Belzig. (Erdgeschoß.)

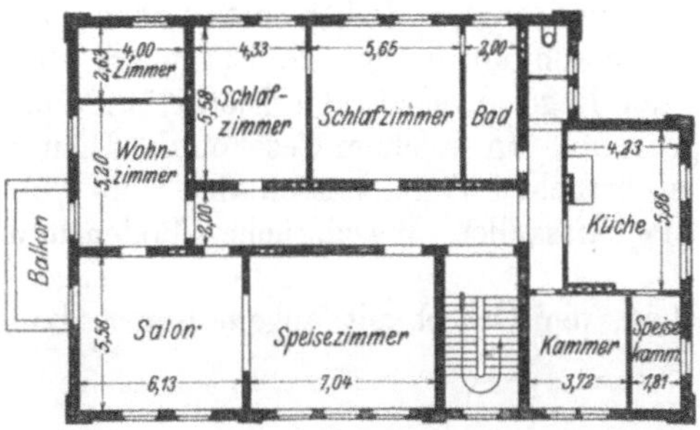


Abb. 120. Betriebsamtsgebäude in Belzig. (Obergeschoß.)

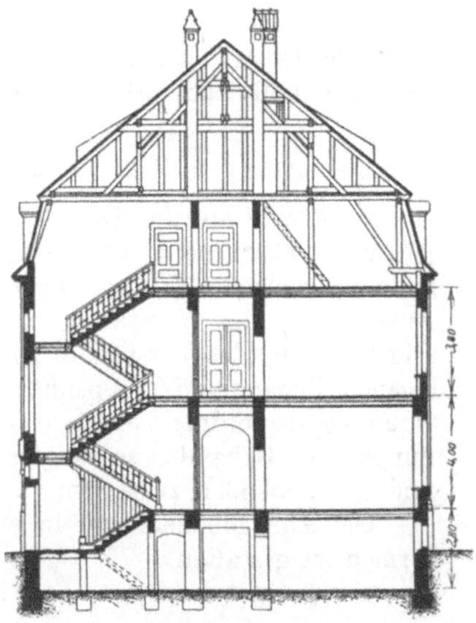

Abb. 121. Betriebsamtsgebäude in Belzig. (Querschnitt.)

Abb. 122. Betriebsamtsgebäude in Belzig. (Ansicht.)

anlage, wenn möglich auch ein Zimmer zum Abhalten von Prüfungen und eins für auszubildende Bauführer oder Assessoren.

Zweckmäßig ist es, für jeden Beamten ein einzelnes Zimmer vorzusehen, doch schreibt die Bureauordnung für die Ämter vor, daß der erste Bureaubeamte mit den andern Beamten zusammensitzen soll[1]). Die Zimmer für den Vorstand, seinen Vertreter und den ersten Bureaubeamten sollen möglichst aneinander liegen. Das Dienerzimmer soll die Überwachung des Eingangs gestatten und die Fernsprechapparate sowie eine Einrichtung zur Anfertigung von Lichtpausen u dgl. erhalten. Alle Zimmer erhalten nur vom Flur aus Zugangstüren. Die Ausstattung der Räume ist die gleiche wie in den Direktionen. Im Keller werden Räume zur Aufbewahrung des Altpapiers vorgesehen (Abb. 119 bis 122).

Bei der Vereinigung mehrerer Ämter in einem Gebäude können die Bureaudienerzimmer, die Plankammer und die Aborte gemeinsam sein. Häufig wird dann in den Amtsgebäuden ein Unterrichtszimmer vorgesehen.

Größere Amtsgebäude erhalten meist Sammelheizung, für die im Keller die Heiz- und Kohlenräume vorgesehen werden.

### 2. Nebenanlagen.

Meist wird mit den Diensträumen des Amtes die Wohnung des Vorstandes, jedenfalls aber die eines Bureaudieners verbunden, gelegentlich wohl auch andere Dienststellen, Bahnmeistereien und dgl. (Über die Größe und Ausstattung der Vorstands- und Dienerwohnungen vgl. S. 120 u. S. 109.) Die Wohnung des Vorstandes wird in der Regel oberhalb der Diensträume mit eigenem Zugang und Treppenhaus angeordnet. In welchem Geschoß die Dienerwohnung anzuordnen ist, hängt von den örtlichen Verhältnissen ab. Sind Wohnungen im Gebäude, so ist für Wirtschaftskeller, Waschküche, Bodenraum und Trockenboden zu sorgen.

Die Amtsgebäude sind in einfachen, der Örtlichkeit angemessenen Bauformen zu gestalten.

## C. Bahnmeistereien.

Wie die Diensträume der Ämter meist mit den Wohnungen der Vorstände in einem Gebäude vereinigt werden, so auch in der Regel die Bahnmeistereien

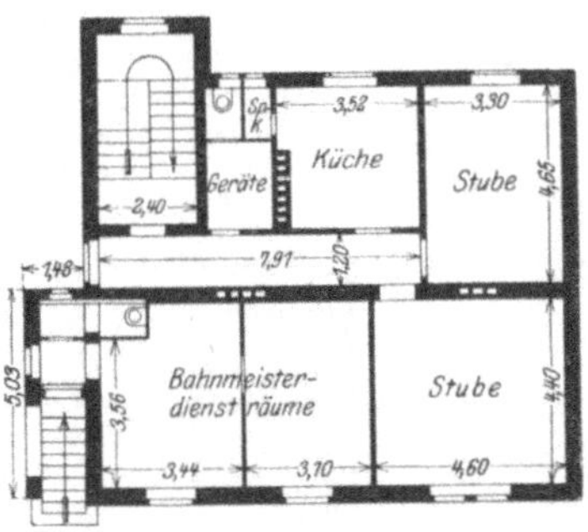


Abb. 123. Bahnmeisterei in Hermsdorf. (Erdgeschoß.)

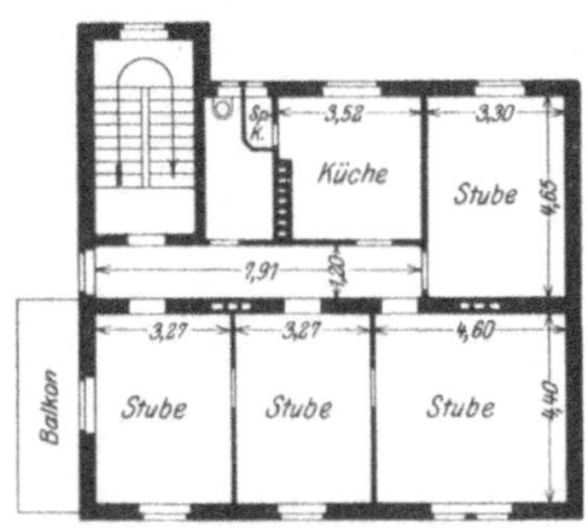


Abb. 124. Bahnmeisterei in Hermsdorf. (Obergeschoß.)

mit den Wohnungen der Bahnmeister. Meist ist für die Bahnmeistereien nur ein etwa 18 qm großer Raum mit besonderem Zugang, mitunter noch ein zweiter

[1]) Vorschriften für die Verwaltung der vereinigten preußischen und hessischen Staatseisenbahnen. 1912, S. 371, § 5[1].

Raum für eine Schreibhilfe erforderlich. Eine sehr gebräuchliche Anlage ist es, anlehnend an die Grundrißmuster der Wohnungen für mittlere Beamte zweigeschossige Häuser zu errichten, deren oberes Geschoß die Wohnung des Bahnmeisters und in einem unmittelbar von außen zugänglichen Raum des unteren Geschosses die Bahnmeisterei aufnimmt, während dessen übriger Teil für sich nach der Treppe zu abgeschlossen und zu einer Wohnung für einen Unterbeamten oder Arbeiter, wofür immer ein Bedürfnis bestehen wird, ausgebaut wird (Abb. 123 und 124).

## D. Bahnwärterbuden.

Den Bahnmeistereien unterstehen für die Sicherheit des Betriebes auf der freien Strecke die Bahnwärter. Der Aufenthaltsraum für den Bahnwärter wird gern in die Mitte der von ihm zu überwachenden Strecke und möglichst in die

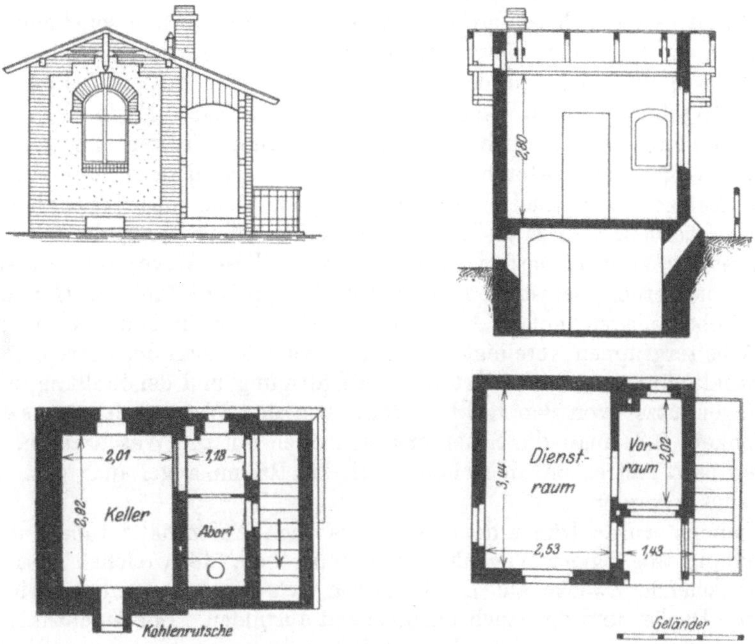


Abb. 125. Bahnwärterbude.

Nähe wichtiger Wegeübergänge gelegt, damit diese mit überwacht werden können. Dadurch ergibt sich meist eine so abgelegene Lage, daß die Vereinigung mit der Dienstwohnung in einem Gebäude nicht zu empfehlen ist. Der Aufenthaltsraum für den Bahnwärter (Abb. 125), der heizbar und mit Kocheinrichtung für den Sommer versehen sein soll, erhält einen Nebenraum zur Aufbewahrung der Geräte für die Bahnunterhaltung und -überwachung, einen Kohlenraum und möglichst auch einen Abort und einen Aschkasten. Das Gebäude wird in etwa 5 m Abstand vom nächsten Gleis so aufgestellt, daß von den Fenstern aus ein möglichst großer Teil der Strecke übersehen werden kann, in der Regel daher in Gleishöhe, bei tiefen Einschnitten dagegen meist oben auf den Rand der Böschung.

# IV. Wohlfahrtseinrichtungen.

## A. Aufenthaltsgebäude und Speiseanstalten.

### 1. Aufenthaltsgebäude.

Auf nahezu allen Stationen, abgesehen von den ganz kleinen, und auf allen größeren Güter- und Verschiebebahnhöfen werden Aufenthaltsräume erforderlich, in denen die Bediensteten ihre Arbeitskleidung anlegen und aufbewahren können, in den Arbeitspausen Schutz gegen die Unbilden der Witterung finden und Gelegenheit haben sich auszuruhen, sich zu waschen und mitgebrachte Speisen zu wärmen oder zuzubereiten und einzunehmen. Ebenso sind auf größeren Stationen meist Räume für den Aufenthalt der Reservemannschaften während der Dauer ihrer Bereitschaft notwendig. Die Größe, namentlich der eigentlichen Aufenthaltsräume und Küchen, hängt sehr von der Dauer des Dienstes und der Ruhepausen ab.

Soweit es möglich ist, ordnet man diese Räume in den sonstigen Baulichkeiten an, z. B. in den Empfangs- oder sonstigen Stationsdienstgebäuden, in den Abfertigungsgebäuden der Güterschuppen oder in Verbindung mit den Lokomotivschuppen und Wagenschuppen usw. Nach Möglichkeit vereinigt man in einem Gebäude auch die Aufenthaltsräume für verschiedene Arbeitergruppen wegen der dadurch zu erzielenden Ersparnisse, ebenso die gemeinsamen Anlagen, z. B. Bade- und Abortanlagen. Doch darf darin nicht zu weit gegangen werden, weil es zu Unzuträglichkeiten führt, wenn die Wege zu den Arbeitsstellen zu groß werden. Die Abkürzung dieser Wege muß in erster Linie angestrebt werden, selbst wenn dadurch eine größere Zahl von Gebäuden mit ihren Nebenanlagen notwendig wird. Wenn auch in einem Gebäude mehrere Arbeitergruppen vereinigt werden, so scheidet man doch ihre eigentlichen Aufenthaltsräume nach der Art der Beschäftigung und der Stellung, also z. B. die Wagenputzer von den Kohlenladern, von den Wagenmeistern usw. Nach Möglichkeit läßt man die Scheidung sich auch auf die Waschräume, Kleiderablagen usw. erstrecken, doch können sie bei Raummangel auch gemeinschaftlich benutzt werden.

Vielfach wurde früher dem Bedürfnis nach Aufenthaltsräumen durch die Aufstellung abgängiger Wagenkästen entsprochen, doch reichen diese nur für vorübergehende Zwecke aus[1]). Sie lassen sich durch bunten Anstrich, überstehende Dächer und dgl. auch ansprechend ausbilden. Der Aufenthalt in ihnen ist, namentlich in der kalten Jahreszeit, wenig angenehm, wenn die eisernen Öfen übermäßige Hitze ausstrahlen; die Wagenkästen werden daher allmählich durch feste Gebäude oder Räume in solchen ersetzt. (Abb. 126 und 127.)

In den Aufenthaltsgebäuden werden außer den eigentlichen Aufenthaltsräumen, die einen als Windfang dienenden Vorraum oder Flur erhalten, Küchenräume zum Zubereiten und Wärmen der Speisen, Räume zum Trocknen durchnäßter Kleidungsstücke und Räume zum Waschen, wohl auch zum Baden, vorgesehen. Die Größe des Waschraums ist auf etwa 0,40 qm für den Kopf zu bemessen. Der Fußboden wird wasserdicht ausgebildet und erhält vor den Waschständen einen Lattenbelag. Die Stände, von denen in der Regel je einer für 5 Mann, in den Werkstätten für 2 Mann zu rechnen ist, erhalten etwa 80 cm Breite und werden, wenn möglich, mit Zuleitung warmen und kalten Wassers versehen. Nicht zu empfehlen sind Kippbecken, weil bei ihnen der Schmelzüberzug leicht abspringt und sie auch weniger leicht sauber zu halten sind als Waschtröge. Die Hähne sind so anzubringen, daß man sich beim Vornüber-

---

[1]) Vgl. Eisenbahn-Nachrichten-Blatt 1905, S. 45.

beugen nicht an ihnen stößt. Die Waschräume erhalten Spiegel und Handtuchhalter sowie einige Kleiderhaken. Die Wände der Waschräume werden im unteren Teil mit Ölfarbe gestrichen; für gute Lüftung ist zu sorgen, ebenso für Heizung im Winter.

Bei einer kleinen Zahl von Arbeitern, etwa bis zu zehn, kann von der Anordnung besonderer Waschräume abgesehen werden, und es genügt die Aufstellung einiger eiserner Waschständer in dem Küchenraum. Für die bei größerer Arbeiterzahl notwendigen Küchen werden 0,50 qm etwa für den Kopf an Grundfläche gerechnet. Der Herd wird möglichst an drei Seiten freistehend und bequem zugänglich aufgestellt. Die Küche erhält einen Spültisch mit Abflußöffnung und einen Ausguß sowie möglichst einen Zapfhahn für Trinkwasser. Es muß dafür gesorgt werden, daß jederzeit heißes Wasser zur Kaffee-

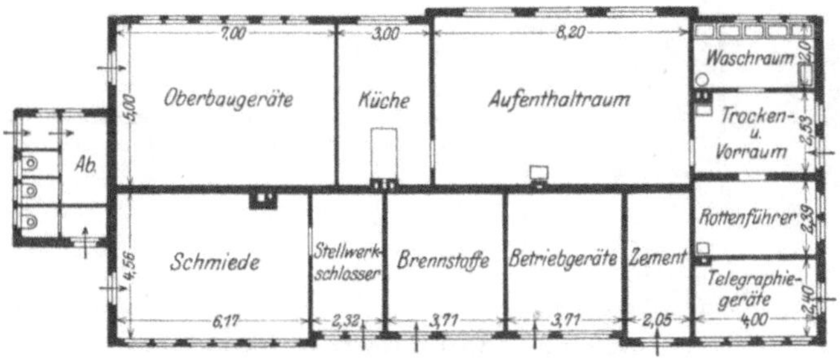


Abb. 126. Aufenthaltsgebäude in Wildpark.
(Grundriß.)

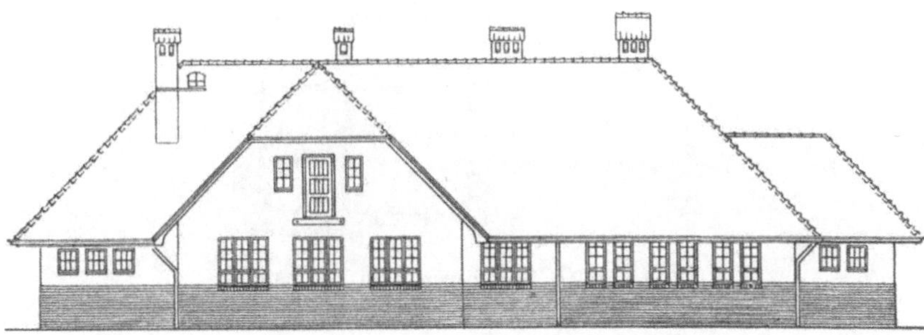

Abb. 127. Aufenthaltsgebäude in Wildpark.
(Ansicht.)

bereitung vorhanden ist. Die Wände werden im unteren Teil mit Ölfarbe gestrichen; für gute Lüftung ist zu sorgen.

Die Trockenräume erhalten möglichst an zwei Seiten Fenster, damit ein guter Durchzug erreicht werden kann. Sie werden mit Fußbodenentwässerung versehen und müssen gut geheizt werden können. An Größe ist 0,3—0,5 qm für den Kopf erforderlich. Bei kleinen Verhältnissen und für Güterbodenarbeiter wird ein besonderer Trockenraum in der Regel nicht notwendig werden; hier genügt dann der Vorraum zum Trocknen der Kleidungsstücke.

Bei den Aufenthaltsräumen sind etwa 1—1,5 qm Größe für den einzelnen Arbeiter zu rechnen, weil meist in den Räumen die Kleiderschränke aufgestellt werden. Erfolgt diese Aufstellung in besonderen Räumen, so ist für den Schrank einschl. Gang 0,60 qm Grundfläche zu rechnen, und zwar ist für jeden Bediensteten ein Schrank aufzustellen; für den Aufenthaltsraum genügen dann 0,8—1 qm für den Kopf, wobei nur die Zahl der Mannschaften einer Schicht für den gleichzeitigen Aufenthalt in Frage kommt. In den Aufenthaltsräumen oder in ihrer Nähe — wie auch in der Nähe jeder dauernden Arbeitsstelle — sollen Zapfstellen für gutes Trinkwasser vorgesehen werden. In den Schränken, die verschließbar sein müssen, sollen außer den Speisen und der Arbeitskleidung, wenn nötig auch, die Reisebedarfsgegenstände (Bettwäsche, Dienstanweisungen, Pelze, Mäntel) untergebracht werden können, damit sie nicht jedesmal zum Dienst von und nach Haus gebracht werden müssen. Die Schränke, meist 0,5 m

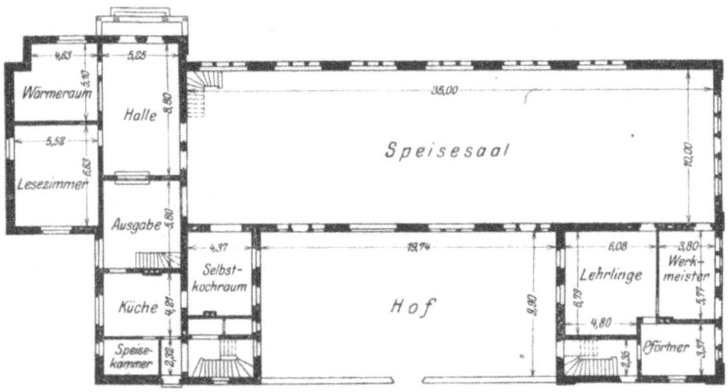


Abb. 128. Speiseanstalt in Darmstadt.

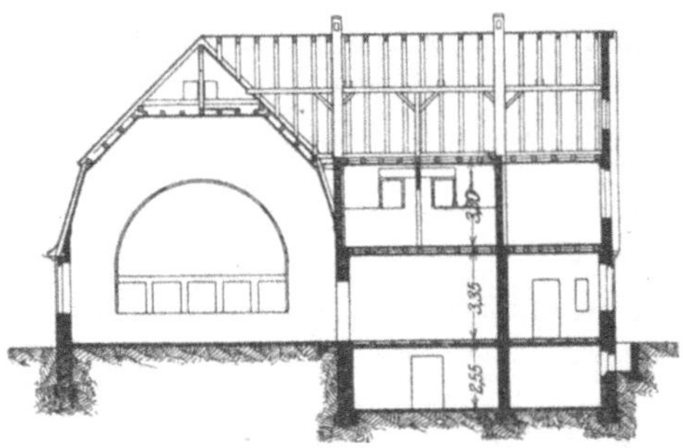

Abb. 129. Speiseanstalt in Darmstadt.

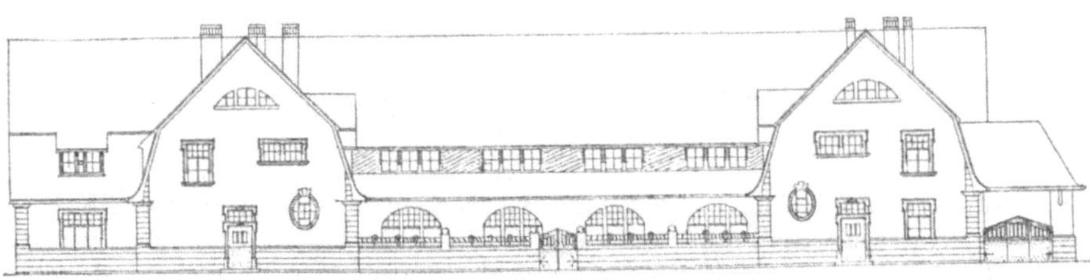

Abb. 130. Speiseanstalt in Darmstadt.

breit bei 0,45 m Tiefe, erhalten zweckmäßig vorn eine Drahttür, damit sie auslüften können. Die Aufenthaltsräume werden ausgestattet mit einfachen festen Tischen, Bänken mit Rückenlehnen, Papierkörben, Wasserflaschen mit Bechern und Speinäpfen mit Wasserfüllung. Auch die Aufstellung von gepolsterten Pritschen kann in Frage kommen[1]); sie erhalten 2 · 0,90 m große gepolsterte Sprungfederrahmen mit Matratze und Keilkissen in waschbaren Überzügen. An den Wänden empfiehlt sich, um die Räume wohnlich zu gestalten, das Auf-

[1]) Vgl. Eisenbahn-Nachrichten-Blatt 1903, S. 199.

hängen von Bildern, Lichtdrucken, Zeichnungen oder Karten; auch für Lesestoff ist durch Auslage von Büchern und Zeitschriften zu sorgen; die Fenster erhalten Vorhänge zum Schutz gegen die Sonne. Sämtliche Einrichtungsstücke, Schränke usw. sind zweckmäßig schon in die Entwurfszeichnungen einzutragen, damit bei der Lage der Fenster, Türen, Öfen usw. auf sie Rücksicht genommen werden kann, weil sich sonst später leicht Schwierigkeiten bei der Aufstellung der Möbel ergeben. Bei größeren Gebäuden sind ferner Kohlenkeller u. dgl., unter Umständen auch Sammelheizungsanlagen vorzusehen.

## 2. Speiseanstalten.

Bei größeren Bahnhöfen sind für die Verpflegung der Bediensteten in erster Linie die Bahnhofswirtschaften heranzuziehen[1]); in diesen ist dann ein besonderer Raum zu diesem Zwecke vorzusehen. Ist dies nicht möglich, dann werden bahneigene Speise- und Erfrischungsanstalten anzulegen sein. Das Bedürfnis hierzu tritt hauptsächlich auf Stationen mit zahlreichen Bediensteten und mit Werkstattsbetrieben auf, wo die Bediensteten regelmäßig in größerer Zahl zu längerem Aufenthalt außerhalb ihrer Häuslichkeit genötigt sind. Außer dem Speisesaal selbst ist ein Raum zum Anwärmen und Warmstellen der mitgebrachten Speisen, der meist mit durch Dampf geheizten Wärmschränken ausgerüstet ist, eine Küche mit Speisenausgabe und die Wohnung des Wirtschaftleiters vorzusehen. In der Regel werden in ihnen auch besondere Räume für die Lehrlinge abgeteilt mit getrenntem Zugang. (Abb. 128 bis 130.) Die Wirtschaften müssen zur Aufbewahrung der Eßwaren helle, luftige, am besten mit Kacheln ausgelegte Räume erhalten mit gut eingerichteten Schränken, Wandbrettern und Lüftungsflügeln mit Drahtgaze in den Fenstern.

Die Speiseanstalten werden mit Kaffeemaschinen und Selterwassereinrichtungen ausgerüstet[2]). Für die Selterwasserbereitung wird ein etwa 20 qm großer Raum gebraucht. Ist die Beschaffung von Kaffeemaschinen nicht angezeigt, so muß mindestens siedendes Wasser zur Kaffeebereitung zur Abgabe bereit gehalten werden.

## 3. Abortanlagen.

In der Nähe der Aufenthaltsgebäude usw. werden Aborte errichtet. Meist werden sie als Gruben- oder Tonnenaborte ausgebildet, weil selten ein Anschluß an eine Entwässerungsleitung möglich sein wird. Die Aborte erhalten zweckmäßig freistehende Becken mit aufklappbarem, vorn und hinten aufgeschlitztem Sitz, die Bedürfnisstände einfache nach vorn geneigte Zementwände und Ölgeruchverschlüssen. Die Putzflächen werden aufgerauht um ihr Beschmieren zu verhindern. Auf gute Lüftung der Aborte und auf Vorsichtsmaßregeln gegen das Einfrieren der Leitungen ist zu achten.

## 4. Äußere Ausbildung.

Die äußere Gestaltung der Aufenthalts- und Abortgebäude soll sich in den einfachsten Formen bewegen unter Verwendung der ortsüblichen Baustoffe. Während für größere Gebäude die Verwendung steiler Dächer zu empfehlen ist, in denen Aushilfsräume leicht und zweckmäßig untergebracht werden können, genügen für kleine Gebäude flache, weit überstehende Dächer, die gleichzeitig die Decke bilden, etwa unter Verwendung von Bohlensparren, also unter Fortfall eines besonderen Dachraumes.

---

[1]) Vgl. Eisenbahn-Nachrichten-Blatt 1903, S. 385.
[2]) Vgl. Eisenbahn-Nachrichten-Blatt 1903, S. 344.

# B. Übernachtungsgebäude.

## 1. Allgemeine Anordnung.

Mit der Zunahme der durchgehenden Züge, die auf der ganzen Strecke oder ihren größeren Teilen von denselben Bediensteten begleitet werden, hat sich das Bedürfnis herausgestellt, für diese an den Endpunkten der Begleitstrecken Räume zu schaffen, in denen sie übernachten, um durch ausreichende Ruhe gestärkt am nächsten Tage die Rückfahrt antreten zu können. Diese Räume werden in den Übernachtungsgebäuden mit allen für die Erholung nötigen Einrichtungen vereinigt.

Ein Haupterfordernis der Übernachtungsgebäude ist, daß sie den Beamten auch wirklich Ruhe bieten und sie ihnen nicht durch geräuschvolle Lage, durch zu große Hitze oder Kälte beeinträchtigen.

Wenn auch der Bauplatz meist auf bahneigenem Gelände und in der Nähe der Aufstellpunkte der von den Bediensteten begleiteten Lokomotiven und Züge gewählt werden muß, so wird man doch bestrebt sein müssen, eine freie ruhige Lage zu gewinnen, fern von Verschiebegleisen, auf denen häufig auch während der Nacht das geräuschvolle Zusammensetzen der Züge nicht aufhört. Weniger störend wird der regelmäßige Zugverkehr empfunden, der sich meist auf eine geringe Zahl von durchfahrenden Zügen beschränkt.

Auch ist darauf zu sehen, daß die Bediensteten das Gebäude erreichen können, ohne Gleise überschreiten zu müssen; wenn nötig, sind dazu die Gleise zu überbrücken.

Die Gebäude sollen in freundlicher Umgebung, möglichst in Gärten, und in der landesüblichen Bauweise errichtet werden. Die Ausführung in Fachwerk ist daher nicht ausgeschlossen, im allgemeinen wird sich indessen Massivbau als Putz- oder Ziegelrohbau empfehlen. Es muß aber alles langweilig Nüchterne und Abstoßende vermieden werden; vielmehr soll das Äußere einen freundlichen Eindruck erwecken.

Auch innen sollen die Gebäude einen freundlichen Eindruck gewähren, wozu helle Anstriche und geschickte Farbengebung viel beizutragen vermögen. An den Stellen, wo die Betten stehen, Kleiderrechen und Waschständer angebracht sind, ebenso in den Baderäumen erhalten die Wände Ölfarbenanstrich, der sich durch Abwaschen leicht sauber halten läßt.

## 2. Bauliche Einzelheiten.

Die Treppen, die recht hell beleuchtet sein sollen, ordnet man zweckmäßig in der Mitte der Gebäude an, um die Wege abzukürzen. Der Zugang erfolgt durch einen Windfang, und der Abschluß eines jeden Geschosses vom Treppenhaus zur Abdämpfung der Geräusche durch eine Glaswand. Aus dem gleichen Grunde belegt man die Treppenstufen und -absätze mit schalldämpfendem Linoleum oder dgl. Die Treppenhäuser erhalten 2,30—2,50 m Breite; sie werden wie die Treppen selbst feuersicher ausgeführt, wobei bemerkt sei, daß Granit und ähnliche Natursteine nicht als feuersicher gelten, weil sie im Feuer springen. Die Stufen erhalten am besten 16 : 32 cm als Steigungsverhältnis, jedenfalls keine größere Höhe als 18 cm.

Vielfach werden auch die Zwischendecken massiv ausgeführt, wobei aber besondere Sicherheitsmaßregeln gegen die Hellhörigkeit der Decken zu ergreifen sind, z. B. durch Aufbringen einer 4—5 cm hohen Sandschicht auf die Decke unter dem Estrich.

Lange Flure sind immer feuersicher zu überwölben. Die Flure macht man nicht unter 1,25—1,50 m breit und belegt sie zur Schalldämpfung mit Linoleum.

Die auf den Flur mündenden Türen dürfen nicht nach diesem zu aufschlagen, weil sie ihn sonst leicht versperren.

Die Waschräume, Baderäume, Trockenräume und Küchen erhalten Fußböden mit wasserdichtem Belag aus Platten, Asphalt oder Zementestrich. In den Wasch-, Bade- und Trockenräumen haben sich auch Fußböden aus Zinkblechbekleidung mit aufgelegten Lattengittern als zweckmäßig erwiesen. Derartige Roste aus eichenen Latten, die durch Messingschrauben verbunden sind, empfehlen sich stets in den Wasch- und Baderäumen, wenigstens in 1 m Breite vor den Wannen und Waschständern. Außerdem erhalten diese Räume Fußbodenentwässerungen und einen etwa 15 cm hohen ausgerundeten, hohlkehlenartigen Anschluß an die Wände.

## 3. Größe und Grundrißausbildung.

Die Größe der Übernachtungsgebäude hängt hauptsächlich von der Anzahl der erforderlichen Betten ab, bei deren Ermittlung davon ausgegangen werden sollte, daß zwischen je zwei Benutzungen desselben Bettes durch verschiedene Bedienstete mindestens vier Stunden Pause liegen, um Bett und Raum gut lüften zu können.

Auf Erweiterungsfähigkeit der Gebäude ist Bedacht zu nehmen. Auch bei der Anordnung des Daches ist hierauf zu achten und daher zweckmäßig ein hohes Dach zu wählen, damit bei Bedarf der Dachboden leicht zu Aushilf-Schlafräumen ausgebaut werden kann.

Im allgemeinen erhalten die Gebäude außer dem Keller und dem Erdgeschoß nur ein Obergeschoß, jedoch sind bei beschränktem oder teurem Bauplatz, bei kostspieliger Gründung wie bei größeren Gebäuden überhaupt mehrere Obergeschosse vorzusehen. Man schränkt die Anzahl der Obergeschosse möglichst ein, um das Geräusch zu vermindern, doch bestehen bei entsprechender Grundrißanordnung keine wesentlichen Bedenken gegen die Anordnung mehrerer Obergeschosse.

Bei der Grundrißbildung ist darauf zu achten, daß sämtliche Räume, mindestens aber die Schlafzimmer, unmittelbar zugänglich von den Fluren sind. Im übrigen ist davon auszugehen, daß alle gemeinschaftlich zu benutzenden Räume möglichst in die Nähe der Haupttreppe gelegt werden, die Schlafräume dagegen von ihr ab eine ruhige Lage, wenn angängig, nach Osten erhalten. Der Kleiderablege- und -trockenraum soll neben dem Hauptzugang liegen, ebenso die Stube oder Wohnung des Hauswartes. Für letztere ist ein eigener Zugang und Abort vorzusehen. Ein weiterer besonderer Zugang empfiehlt sich auch zum Kohlenkeller und — bei Sammelheizungen — zum Heizraum, damit die Asche leicht herausgebracht werden kann.

Kann der Kohlenkeller keinen eigenen Zugang von außen erhalten, so ist wenigstens ein 1 qm großer Kohleneinwurfschacht vorzusehen. Zweckmäßig liegt neben dem Kohlenraum der Kesselraum einer etwaigen Sammelheizung, der wegen der Rücklaufleitungen etwa 1—1,5 m tiefer eingesenkt werden muß. Im Kesselraum ordnet man auch den Behälter für die Warmwasserversorgung der Wasch- und Baderäume und Küchen an, und zwar so, daß er im Winter durch eine Heizschlange von der Sammelheizung aus geheizt wird, im Sommer aber durch eine eigene Gas- oder Kohlenfeuerung.

Zweckmäßig sieht man neben dem Heizraum eine kleine Werkstätte für den Heizer vor.

Weiter findet im Kellergeschoß ein Wirtschaftskeller für den Hauswart seinen Platz. Ist das Geschoß hell, trocken und gut zu lüften, so können in ihm auch Wäsche, Möbel usw. aufbewahrt und die Waschküche und die Rollkammer untergebracht werden, wenn man nicht vorzieht, diese im Dachgeschoß anzulegen. Die Badeanlagen werden im Keller angeordnet, wenn nötig, unter Tieferlegung seiner Sohle, um die für Brausebäder etwa notwendige etwas größere Höhe zu gewinnen. Brausebäder verdienen in Übernachtungsgebäuden im allgemeinen den Vorzug vor Wannenbädern, weil es sich hier meist mehr um eine Erfrischung als um eine gründliche Reinigung handeln wird. Man kann für 10 Mann einen Brausestand rechnen. Die Badezellen sollen 1,20 m breit und 2 m lang sein (Abb. 131). Der Ankleideraum ist durch eine einfache Schutzwand von etwa halber Zellenbreite vom Brauseraum abzutrennen. Der Fußboden im Brauseraum ist 5 cm tiefer zu legen wie im Ankleideraum und mit einem Lattenrost zu versehen. Zur Verminderung der Anlagekosten sind die einzelnen Zellen durch Rabitzwände voneinander und vom Flur zu trennen. Damit der Flur ausreichendes Licht erhält, sind die Wände am Flur nicht über 2,20 m Höhe auszuführen. Da jedoch in viel benutzten Badezellen Ölfarbenanstrich nicht lange hält, ist es für die Dauer billiger und richtiger, helle Fliesen oder glasierte Steine für die Bekleidung der Wände zu gebrauchen.

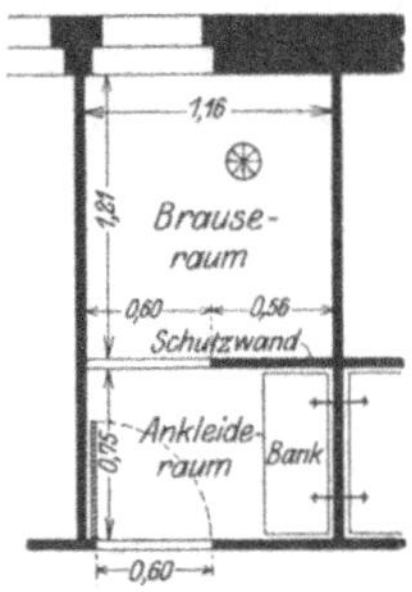


Abb. 131.
Brausezelle.

Der Ankleideraum ist in einfacher, zweckentsprechender Weise mit einer Bank, einem Spiegel mit Wandbrett, mehreren kräftigen Kleiderhaken, einem Stiefelknecht und einer Kokosmatte auszustatten.

Außer den Brausebädern empfiehlt es sich, auch mehrere Wannenbäder, etwa den vierten bis fünften Teil jener, einzurichten. Die Zellen für die Wannenbäder erhalten 1,80—2 m Breite bei 2 m Tiefe. Die Wannen werden am besten aus Gußeisen mit innerem Schmelzüberzug gefertigt; Zinkbadewannen haben sich nicht bewährt, weil sie leicht verbeult werden und sich verbiegen. Die Ausstattung der Wannenbäder ist die gleiche wie die der Brausebäder. Vor den Wannen empfiehlt es sich einen Lattenrost von 1 qm Größe anzuordnen.

Auch Trockenräume können im Keller angelegt werden, wenn er hell und luftig ist, und wenn sie leicht vom Hauseingang aus zu erreichen sind. Die Trockenräume erhalten zweckmäßig eine solche Lage, daß sie gut durchlüftet werden können, z. B. an Gebäudeecken mit Fenstern nach zwei verschiedenen Seiten. Sie werden mit kräftigen Ständern, an denen die Kleidungsstücke zum Trocknen aufgehängt werden können, und mit Öfen ausgerüstet und mit Fußbodenentwässerung versehen. Meist ist es zweckmäßiger, die Trockenräume, die gleichzeitig als Kleiderablagen dienen, im Erdgeschoß anzuordnen. Im Erdgeschoß erhält auch die Stube des Hauswartes, bei großen Übernachtungsgebäuden seine Dienstwohnung ihren Platz. Die Wohnung soll durch eine Tür im Flur oder Treppenhaus mit den übrigen Räumen des Übernachtungsgebäudes in Verbindung stehen, damit der Hauswart jederzeit leicht herbeigerufen werden kann. In der Nähe dieser Tür wird die Hausordnung und eine Tafel aufgehängt, auf der die Zeiten verzeichnet sind, zu denen die einzelnen Leute durch den Hauswart geweckt zu werden wünschen.

Im Erdgeschoß findet auch der Raum für Wäsche seinen Platz, soweit ein solcher überhaupt erforderlich ist, weil vielfach die Bediensteten ihre eigenen Bett- und Handtücher mitbringen.

Bei kleinen (bis zu 30 Betten) und mittleren (bis zu 50 Betten) Gebäuden werden im Erdgeschoß auch die für alle Besucher gemeinsamen Räume vorgesehen, der Aufenthaltsraum, die Küche und der Waschraum. Diese Räume werden in der gleichen Weise wie in den Aufenthaltsgebäuden (vgl. S. 98 u. 99) ausgestattet.

Wenn es bei genügender Wasserspülung oder bei Anwendung von Ölgeruchverschlüssen unbedenklich ist, werden im Erdgeschoß auch Bedürfnisstände vorgesehen, für je 10 Mann in der Regel ein Stand.

Der verbleibende Raum des Erdgeschosses wird zu Schlafräumen eingerichtet (Abb. 132—134). Die Betten sind 1,95 × 0,85 bis 2 × 0,90 m groß und bestehen in einfachen eisernen Gestellen mit elastischem Boden, einer ein- oder dreiteiligen Auflegematratze, einem Keilkissen und einem Kopfkissen, sämtlich mit Seegras-, Indiafaser- oder ähnlicher Füllung, und zwei wollenen Decken, aber nicht mit einlegbarer Federmatratze. Ist die Bettstelle mit verstellbarer Einrichtung zur Kopferhöhung versehen, so fällt das Keilkissen fort.

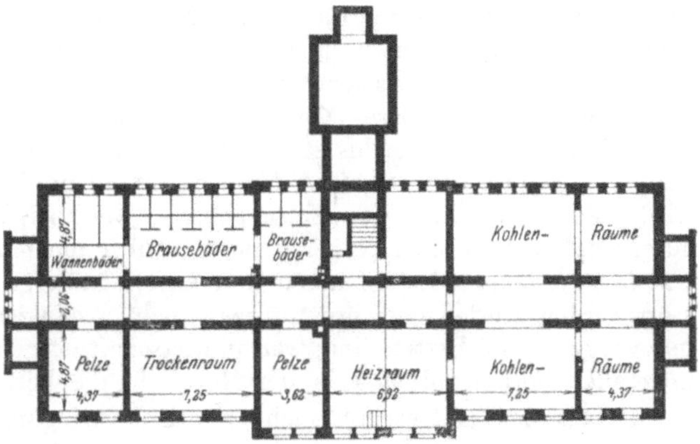

Abb. 132. Übernachtungsgebäude in Wustermark. (Kellergeschoß.)

Die Betten sollen auch bei Innehaltung eines Abstandes nicht nebeneinander, sondern hintereinander aufgestellt werden; die Lage der Fenster und Türen ist abhängig von der Stellung der Betten, die seitlich von ihnen angeordnet werden müssen, damit die Betten nicht von Zugwind getroffen werden.

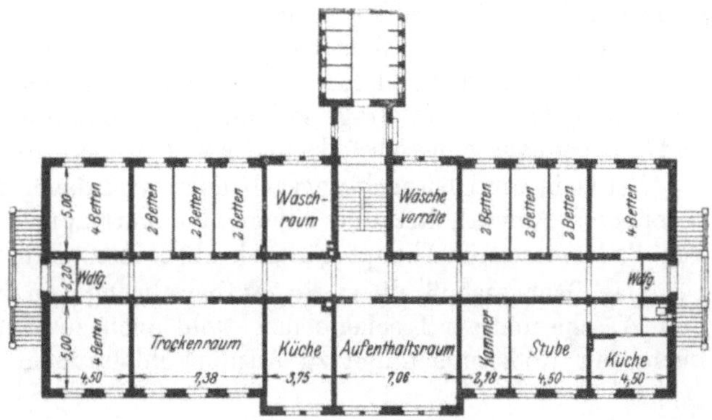

Abb. 133. Übernachtungsgebäude in Wustermark. (Erdgeschoß.)

In den Schlafräumen vermeidet man Gasleitungen wegen der mit ihrem Undichtwerden verbundenen Gefahr und zieht elektrisches oder Petroleumlicht vor. Die Ausstattung besteht in Stühlen, einem Spiegel, einem Stiefelknecht, je zwei bis drei Kleiderhaken für jedes Bett, einer Wasserkanne mit Bechern, einem Speinapf mit Wasserfüllung, einem Kohlenkasten mit Schaufel bei Ofenheizung und einem Nachtgeschirr für jedes Bett, wenn in dem betreffenden Geschoß keine Bedürfnisstände vorhanden sind. Werden Nachtgeschirre notwendig, so empfiehlt es sich wegen des üblen Geruches nicht, sie offen hin-

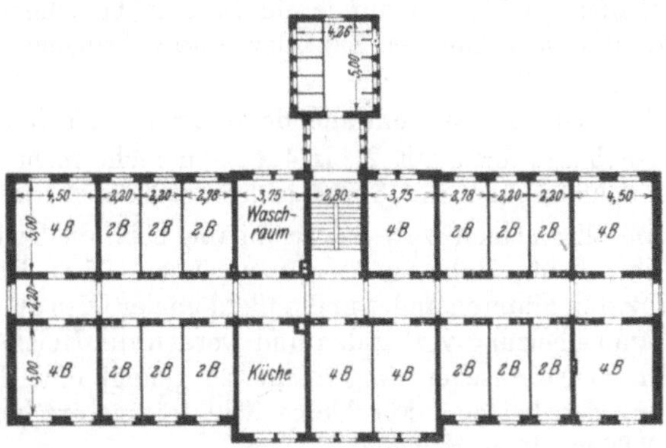

Abb. 134. Übernachtungsgebäude in Wustermark. (Obergeschoß.)

zustellen; besser ist es, hierfür kleine Nachtschränkchen zu beschaffen. Die Türen der Schlafräume erhalten Klappschilder, aus denen zu ersehen ist, ob die Räume belegt oder frei sind, außerdem Nummerntafeln und Aufschriften mit der Angabe der Mannschaft, für die das betreffende Zimmer bestimmt ist.

Für die Lokomotivmannschaften sind die Schlafräume stets als kleinere Zimmer mit zwei Betten (für je eine Mannschaft, bestehend aus Lokomotivführer und Heizer) auszubilden; ebenso ist dem Zugführer und dem Packmeister oder, wenn ein solcher nicht vorhanden ist, dem ältesten Zugbeamten zusammen ein besonderes Zimmer zu überweisen. Für die übrigen Wagenmannschaften, meist vier bis sechs Leute, sind die Schlafräume so einzurichten, daß eine Zugmannschaft stets für sich in einem Schlafraum untergebracht wird. Es ist wichtig, darauf zu achten, weil bei Unterbringung mehrerer Mannschaften oder einer größeren Bettenzahl in einem Zimmer die Schlafenden bei dem fortwährenden Kommen und Gehen anderer Bediensteter häufig gestört werden würden und ihre Ruhezeit nicht ausnutzen könnten. Schlafräume mit weniger als 2 Betten sind, weil unwirtschaftlich, zu vermeiden; Räume mit ungerader Bettenzahl sind in der Regel für die Personale nicht erforderlich.

Soweit das Erdgeschoß nicht zur Unterbringung der Betten ausreicht, werden sie in einem oder zwei Obergeschossen verteilt. In jedem Obergeschoß ordnet man je einen Waschraum, Bedürfnisstände und einen unter Verschluß stehenden Abort für Krankheitsfälle an. Auch die Anlage besonderer Aufenthaltsräume nebst Küchen, wohl auch eigener Kleiderablagen, Wäsche- und Hauswarträume in jedem Geschoß kann — besonders bei großen Übernachtungsgebäuden (über 50 Betten) — in Frage kommen, weil dadurch das Laufen im Gebäude und Treppenhaus eingeschränkt und somit größere Ruhe und Stille erzielt wird.

Bei kleineren Übernachtungsgebäuden wird dagegen sogar häufig von einem besonderen Aufenthaltsraum, einem Hauswartraum und von der Einrichtung von Baderäumen überhaupt gänzlich abgesehen werden können.

Das Dachgeschoß dient zur Aufbewahrung von Kleidungsstücken, Pelzen und Wäsche und als Trockenboden, wohl auch zur Unterbringung der Waschküche mit Rollkammer und zu Aushilfsschlafräumen.

## 4. Raumermittlung.

Es ist zweckmäßig, den Bedarf an Raum für die verschiedenen Arten der zu schaffenden Zimmer auf je ein Bett zu berechnen, weil bei jedem Entwurf zunächst immer von der Zahl der unterzubringenden Betten auszugehen sein wird (vgl. S. 103).

Der auf das Bett entfallende Rauminhalt soll betragen:

bei Schlafräumen mit 2 bis 4 Betten nicht mehr als 15 cbm,
bei Schlafräumen mit 6 und mehr Betten nicht mehr als 13 cbm.

Im allgemeinen wird es zweckmäßig sein, die Tiefe der Schlafräume zu 5 m und ihre lichte Höhe zu 3 m anzunehmen. 5 m Tiefe sind erwünscht, damit zwei Betten hintereinander und außerdem der Ofen an einer Wand stehen können. Ist Sammelheizung vorhanden und werden die Heizkörper, was zweckmäßig ist, in den Fensternischen angebracht, so genügt eine Tiefe von 4,10 m zur Aufstellung der Betten. Für kleine Schlafräume erscheint auch eine lichte Höhe von 2,80 m als ausreichend.

Danach ergeben sich als notwendige Raumbreiten bei 3 m Höhe und 5 m Tiefe

| | | | |
|---|---|---|---|
| für | 2 | Betten | 2 m |
| „ | 4 | „ | 4 m |
| „ | 6 | „ | 5,2 m |

bei 2,80 m Höhe und 4,10 m Tiefe

| | | |
|---|---|---|
| für 2 | Betten | 2,61 m |
| „ 4 | „ | 5,22 „ |
| „ 6 | „ | 6,79 „ |

Die größere Raumbreite ist für die Aufstellung der außer den Betten erforderlichen Möbel sehr erwünscht.

Die Größe der Nebenräume ist so zu bemessen, daß an Grundfläche für das Bett entfallen für

| | |
|---|---|
| Aufenthaltsraum etwa | 0,60 qm |
| Küche | 0,3—0,60 „ |
| Waschraum | 0,3—0,40 „ |
| Trockenraum | 0,50 „ |
| Raum für Wäsche | 0,30 „ |
| Baderaum | 0,30—0,40 „ |

## 5. Heizung und Lüftung.

Im allgemeinen ist Ofenheizung anzuordnen, nur für große Gebäude sind Sammelheizungen, die auch die nötige Wärme für die Trockenräume zu liefern haben, vorzusehen. Auch bei mittleren Gebäuden ist Sammelheizung erwünscht wegen der einfachen Bedienung, und weil die Öfen übermäßig Raum von der beschränkten Grundfläche der Zimmer fortnehmen. Bei der Berechnung der Sammelheizung ist für die einzelnen Räume an Wärmebedarf zu fordern: 20° C für Aufenthalts- und Übernachtungsräume, 25° C für Bade- und Waschräume, 30° C für Trockenräume und 15° C für Flure und Treppenhäuser. Die Sammelheizung kann im Winter für die Warmwasserversorgung der Bade-, Wasch- und Küchenräume nutzbar gemacht werden. Die Heizkörper werden zweckmäßig in den Fensternischen, und zwar nicht auf Füßen, sondern auf Stützeisen an der Wand befestigt, damit der Fußboden unter ihnen gut gereinigt werden kann. Zur größeren Sauberhaltung werden die Heizkörper nicht verkleidet, die Wandflächen hinter ihnen wohl auch mit Fliesen bekleidet. Unter den verschiedenen Heizungsarten ist Niederdruckdampf- oder Warmwasserheizung mit ununterbrochenem Betrieb am geeignetsten.

Soweit die gewöhnliche Lüftung, z. B. mit Glasläden in den Fenstern, nicht genügt, sind Lüftungseinrichtungen einfachster Art vorzusehen, indem man frische Luft durch Rohre in den Fensterpfeilern zuströmen und die verbrauchte Luft mittels einzelner, in den Flurwänden anzulegender Dunstabzüge durch den Dachraum entweichen läßt. Bei dieser Anlage ist darauf zu achten, daß die Zuführungsrohre leicht und dicht abgeschlossen werden können, um Klagen über zu große Abkühlung im Winter zu vermeiden. Die Dunstabzüge werden 14 × 20 cm groß gemacht und zweckmäßig 30 cm über Dach geführt.

## 6. Abortanlage.

Die Aborte werden am besten in besonderen, gut zu lüftenden Gebäuden untergebracht, die durch einen Gang mit dem Hauptgebäude verbunden werden, damit sie auch im Winter oder bei Nacht und schlechtem Wetter bequem zugänglich sind. Der Verbindungsgang muß gut zu lüften sein. Bei mittleren und größeren Übernachtungsgebäuden wird in jedem Geschoß ein unter Verschluß stehender Abort für Krankheitsfälle einzurichten sein. Die Anzahl der Aborte richtet sich nach der Bettenanzahl; in der Regel wird für je 10—15 Betten ein Abortsitz und ein Bedürfnisstand von 80 cm Breite gerechnet werden können. Die Bedürfnisstände werden in Zement ausgeführt, wobei die Wand nach vornüber geneigt wird, damit der Harn leicht abläuft, und erhalten Ölgeruchverschlüsse;

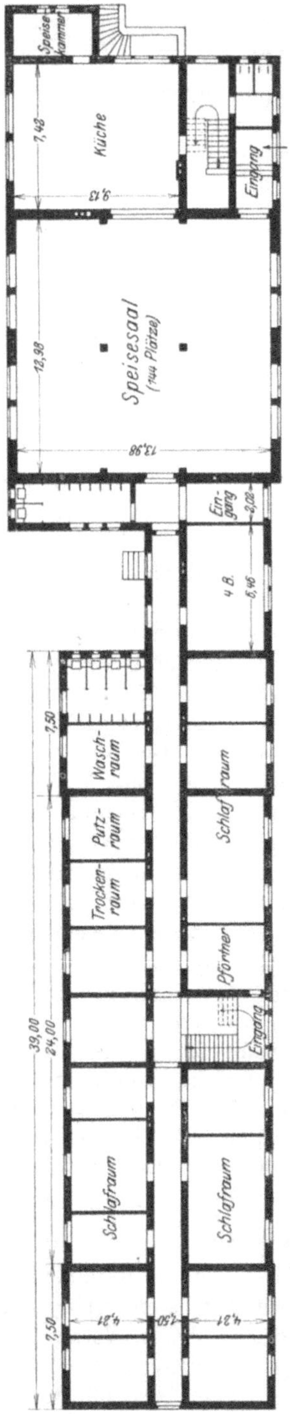


Abb. 135. Ledigenheim in Opladen. (Erdgeschoß.)

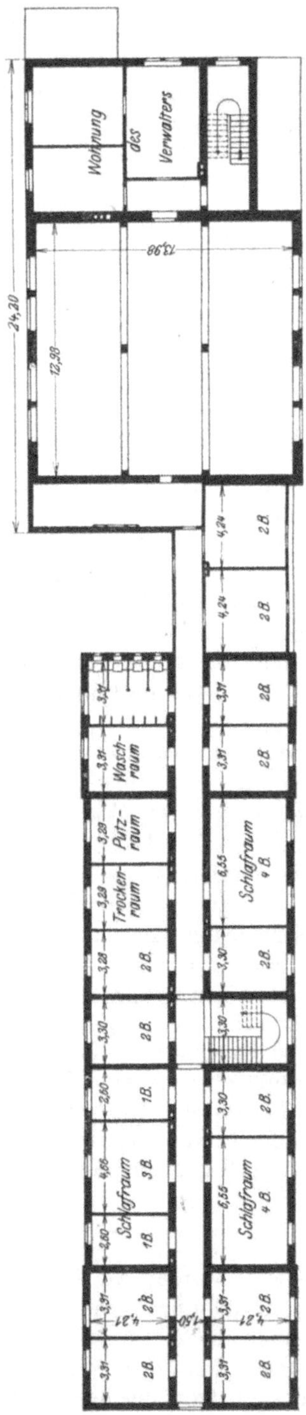


Abb. 136. Ledigenheim in Opladen. (Obergeschoß.)

die Aborte, je nach Ortsgebrauch als Gruben- oder Tonnenaborte ausgebildet, erhalten bei 0,80 m Mindestbreite 1,20 m Mindesttiefe. Für gute Lüftung der Abortzellen, die reichlich Licht erhalten müssen, und der Gruben oder Tonnenräume sowie der Fallrohrleitungen ist besonders zu sorgen. Zur Entseuchung der Abortanlagen ist die Anwendung von Torfstreuvorrichtungen empfehlenswert. Die Aborte selbst werden zweckmäßig, damit niemand auf den Sitzen sich hinstellen kann, als freistehende Becken mit schmalem Holzrand ausgebildet und der Holzrand zum Schutz gegen Verunreinigung vorn 12 cm und hinten 20 cm breit ausgeschnitten und aufklappbar eingerichtet.

## C. Schlafhäuser und Ledigenheime.

Sehr ähnliche Anlagen wie die Übernachtungsgebäude sind die Schlafhäuser; sie werden in industriereichen Gegenden auf geeigneten Bahnhöfen für Leute errichtet, die aus entfernten Ortschaften, in denen sie Haus und Hof besitzen und mit ihren Angehörigen etwas Landwirtschaft betreiben, am Montag zur Arbeit kommen, von der sie am Sonnabend in ihr Heim zurückkehren. Statt der vielen kleinen Schlafräume kommen aber in diesem Fall größere Zimmer oder Schlafsäle häufig zur Unterbringung in Frage.

Auch die Unterkunftsräume für unverheiatete Arbeiter, die Ledigenheime, dürften hierher zu rechnen sein (Abb. 135 u. 136). Sie werden mit einfachen Möbeln ausgestattet. Die Bewirtschaftung wird dem Hausverwalter übertragen[1]).

Die Ledigenheime bieten den Vorteil, daß im Fall eines plötzlichen Bedürfnisses stets ein Stamm geschulter Arbeiter zur Stelle ist. Sie werden hauptsächlich auf größeren, abgelegenen Güter- oder Verschiebebahnhöfen an solchen Orten errichtet, die wegen ihrer raschen Entwicklung an Wohnungsmangel leiden[2]).

## D. Dienstwohnungen.

### 1. Für Arbeiter, untere und mittlere Beamte.

**a) Allgemeines.** Für die Dienstwohnungen der preußisch-hessischen Eisenbahngemeinschaft bestehen eine Reihe von Vorschriften[3]). Hiernach soll die Größe einer Arbeiterwohnung ohne Flure, Aborte und Dachkammern mindestens 28,5 qm betragen, während die Wohnungen für untere Beamte bis zu 60 qm, für solche in gehobener Stellung bis zu 70 qm, für mittlere Beamte bis zu 100 qm und für Oberbahnhofsvorsteher und Oberbahnmeister bis zu 115 qm groß sein und aus je 3 bis 4 und 4 bis 5 Räumen bestehen können. Bei der Bestimmung der Zahl der Räume ist außer den persön-

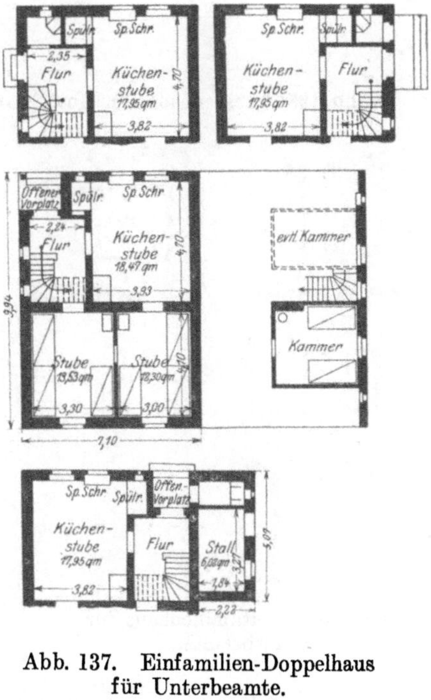


Abb. 137. Einfamilien-Doppelhaus für Unterbeamte.

[1]) Eisenbahn-Nachrichten-Blatt 1902, S. 46.
[2]) Eisenbahn-Nachrichten-Blatt 1906, S. 166.
[3]) Eisenbahn-Verordnungs-Blatt 1906, S. 490—515.

lichen Verhältnissen der betreffenden Beamten darauf zuachten, daß die baupolizeilichen Vorschriften, die mitunter Bestimmungen über Mindestgröße oder -breite enthalten, berücksichtigt werden. Beispiele für die Aufteilung der verfügbaren Fläche zeigen die früheren Grundrißmuster, die für Unterbeamte 45 qm, für mittlere Beamte 68 qm Wohnungsgröße vorsahen (Abb. 137 bis 149). Anzustreben ist, daß Eltern und größere, dem Kindesalter entwachsene Knaben und Mädchen getrennte Schlaf-

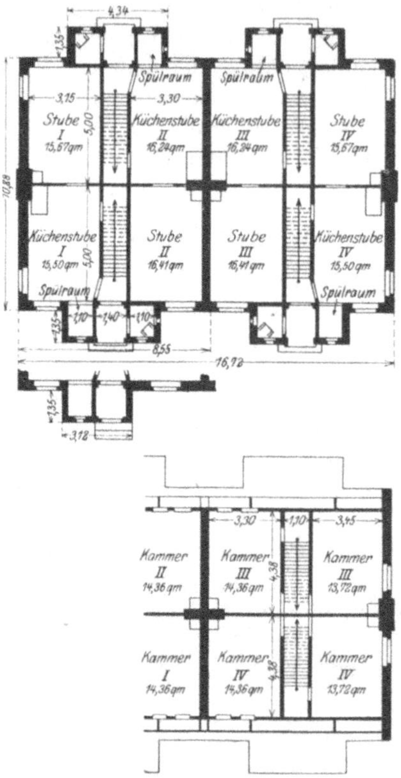


Abb. 138. Reihenhaus für Unterbeamte.

Abb. 139. Reihenhaus für Unterbeamte.

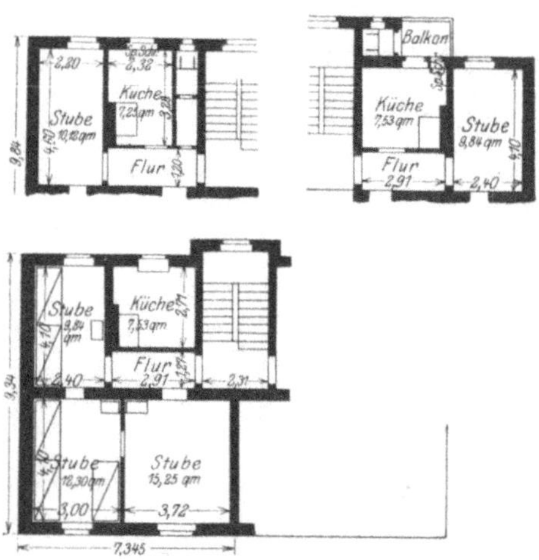


Abb. 140. Vierfamilienhaus für Unterbeamte.

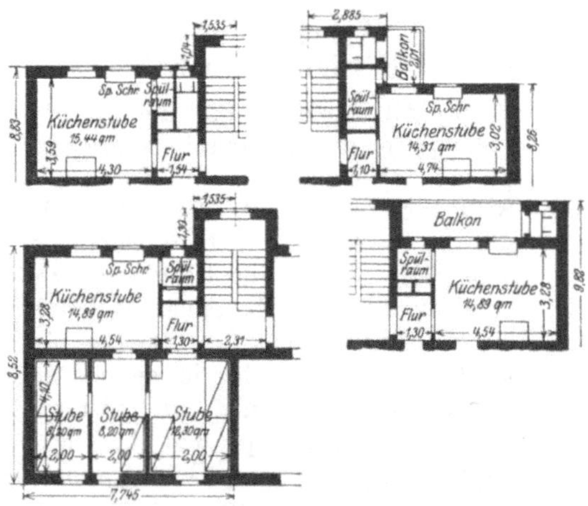


Abb. 141. Vierfamilienhaus für Unterbeamte.

räume erhalten, und daß den Beamten, die vielfach Nachtdienst haben, am Tage ein abgesonderter Schlafraum zur Verfügung steht. Häufig wird dem nur durch Hinzunahme von Bodenkammern entsprochen werden können.

Die lichte Höhe der Wohnungen für mittlere Beamte soll 3 m, die der übrigen

2,80 m sein. Auch dieses Maß wird von den baupolizeilichen Vorschriften beeinflußt, die gelegentlich eine größere lichte Geschoßhöhe vorschreiben. In diesem Falle soll die Ermäßigung auf 2,80 m nachgesucht werden weil die Mehrhöhe eine Erhöhung der Baukosten ohne zwingende Veranlassung bedingt.

Alle Wohnräume einschließlich der Dachkammern sollen heizbar sein. Um zwei Betten hintereinander aufstellen zu können, erhalten die Wohnräume 4,10 m Mindesttiefe. Zweckmäßig wird die Stellung der Betten und das Aufschlagen der Türen in

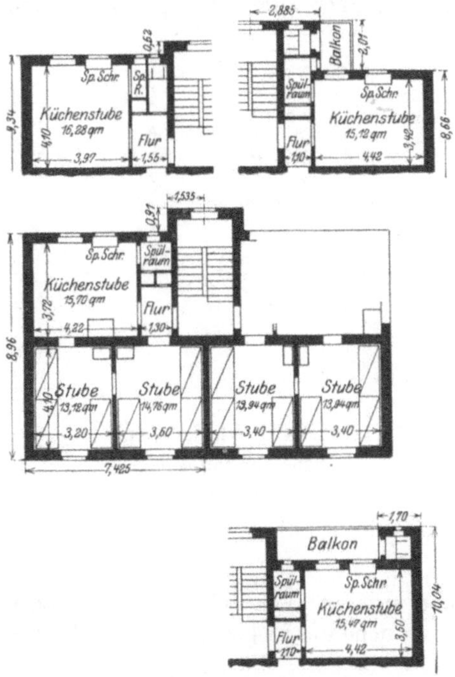


Abb. 142. Vierfamilienhaus für Unterbeamte.

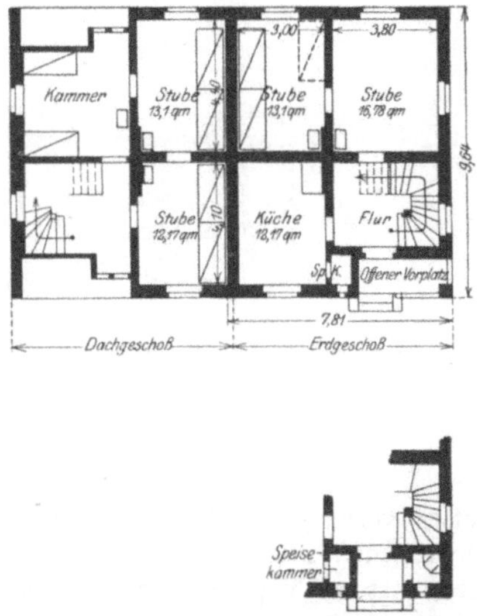


Abb. 143. Einfamilien-Doppelhaus für mittlere Beamte.

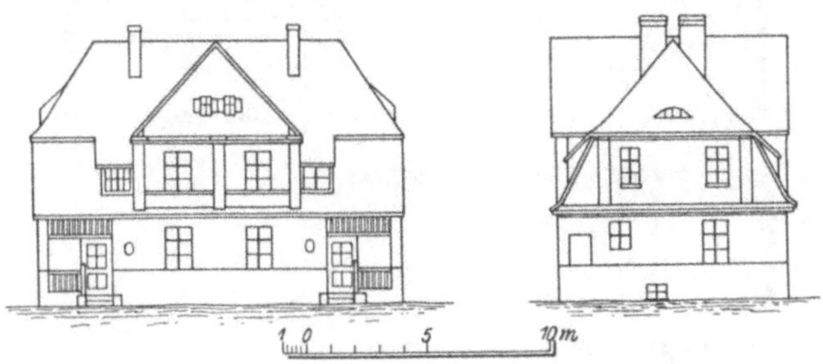

Abb. 144. Einfamilien-Doppelhaus für mittlere Beamte.

die Entwurfszeichnungen eingetragen, da dies für die Ausbildung des Grundrisses, auch bezüglich der Anlage der Fenster, von einschneidender Bedeutung ist.

**b) Bauliche Einzelheiten.** Die Fußböden der Wohnräume der mittleren Beamten dürfen mit Ölfarbenanstrich und Lacküberzug versehen werden. In den Dienstwohnungen der unteren Beamten sind dagegen die Fußböden mit heißem Leinöl, geeignetenfalls unter Zusatz von Farbe, zu tränken[1]). In Mietwohnhäusern können auch die Wohnungen für Unterbeamte und Arbeiter Fußbodenanstrich erhalten. Dagegen ist in allen Wohnungen das Masern oder

[1]) Eisenbahn-Nachrichten-Blatt 1902, S. 546.

parkettähnliche Streichen der Fußböden unzulässig[1]). Auch einfarbiges Linoleum darf aufgebracht werden, wenn eine ebene, möglichst gleichförmige und unveränderliche Unterlage, z. B. bei massivem Fußboden, in Frage kommt[2]).

Die Wände werden mit Leimfarbe gestrichen, oder in völlig ausgetrockneten Wohnungen und Neubauten tapeziert. Untere Borden zum Abschluß an den Scheuerleisten sind nicht zulässig, wohl aber zum Abschluß gegen einen

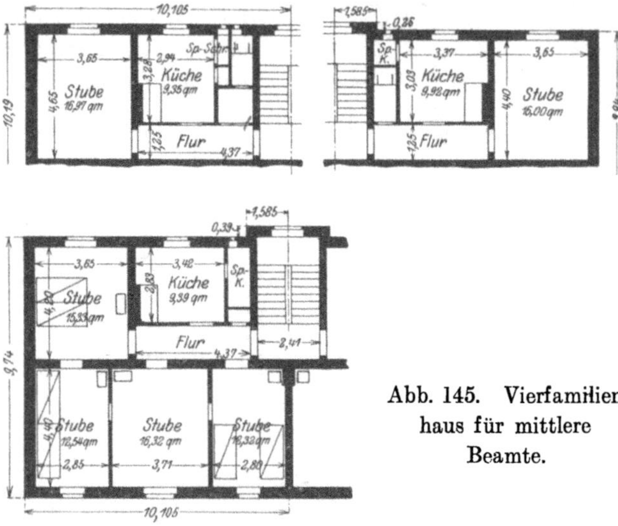


Abb. 145. Vierfamilienhaus für mittlere Beamte.

etwa vorhandenen Ölfarbenanstrich der unteren Wandteile. In Räumen mit feuchten Wänden und an solchen Orten, in denen es an geeigneten Handwerkern fehlt, ist das Tapezieren zu unterlassen.

Abb. 146. Vierfamilienhaus für mittlere Beamte.

Zu jedem Wohnraum muß eine 0,90 m breite Tür (im Futter, also 1,00 m im Mauerwerk gemessen) zum Hineinbringen größerer Möbelstücke führen. Sonstige Verbindungstüren werden zweckmäßig — um Wandfläche zum Aufstellen der Möbel zu gewinnen — auf 0,70 m Breite eingeschränkt. Die Türklinken sind

[1]) Finanzordnung der preußischen Staatseisenbahnen, Teil XII, Abschnitt A, Ziffer 89.
[2]) Ebenda Ziffer 96.

weit genug vom Rahmen und von der Leibung anzuordnen, daß die Finger nicht geklemmt werden.

Bei den Fenstern sind ungewöhnliche Breiten zu vermeiden, damit die Wohnungsinhaber nicht zu unnötigen Kosten für die Beschaffung der Vorhänge gezwungen werden. Breiten von 0,92 an bis 1,18 m genügen meist, oft schon 0,70 m. In der Regel soll die Fensterfläche $^1/_5$ bis $^1/_7$ der Zimmerfläche betragen. Auch die Dachkammern sollen senkrechte Fensterflächen erhalten. Die Fensterflügel erhalten Sprossenteilungen wegen der billigeren Unterhaltung der

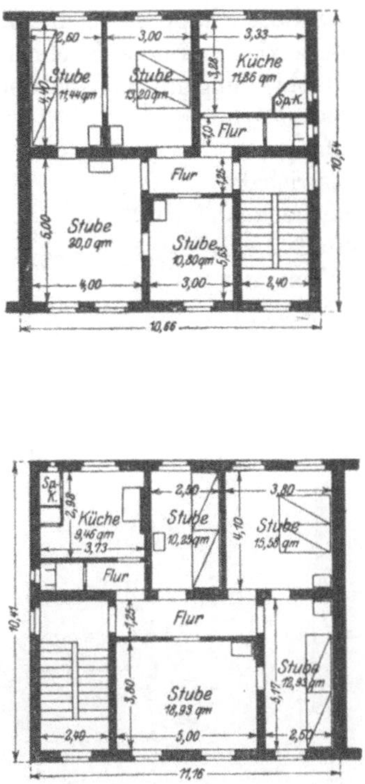


Abb. 149. Vierfamilienhaus für mittlere Beamte.

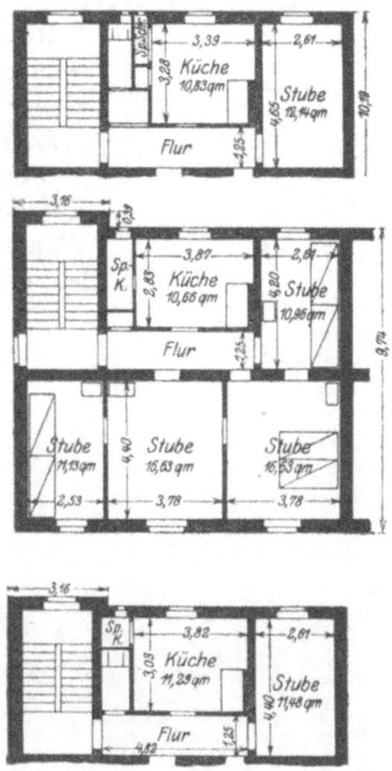


Abb. 148. Vierfamilienhaus für mittlere Beamte.

Scheiben, doch sind zu kleine Teilungen zu vermeiden, weil sie die Reinigung der Fenster erschweren.

Zum Schutz gegen Sonne dürfen Rolläden, Stabvorhänge usw. beschafft werden[1]), ebenso Fensterläden zum Schutze der im Erdgeschoß belegenen Wohnungen gegen Einbruch[2]) oder bei Mietwohnhäusern um des besseren Aussehens halber[3]). Die Fensterläden müssen vom Zimmer aus, auch bei starkem Wind, leicht geöffnet oder geschlossen und festgestellt werden können. Bei den Rolläden ist dafür zu sorgen, daß die Kästen, in denen sie sich aufwickeln, oberhalb der Fenster Platz haben, damit sie nicht die Lichteinfallfläche beeinträchtigen.

In kalten oder stürmischen Gegenden ordnet man Doppelfenster an, wenigstens für die Wohnräume, während in Küchen im allgemeinen immer einfache Fenster genügen[4]). Die Fenster erhalten zur besseren Schonung des Wandputzes verstellbare Gardinenhaken mit Rollen für die Vorhänge[4]).

---

[1]) Finanzordnung der preußischen Staatseisenbahnen, Teil XII, Abschnitt A, Ziffer 55.
[2]) Ebenda Ziffer 56.
[3]) Eisenbahn-Nachrichten-Blatt 1901, S. 64.
[4]) Finanzordnung der preußischen Staatseisenbahnen, Teil XII, Abschnitt A, Ziffer 99.

Bei Mietwohnhäusern können auch Blumenkästen zur Erzielung eines freundlichen Aussehens beschafft werden.

Die Fensterbrüstung wird zweckmäßig nicht zu niedrig gewählt, damit die Flügel geöffnet werden können, auch wenn ein Tisch oder dergl. dicht am Fenster steht. Ist die Brüstung niedriger als 1,0 m, so empfiehlt es sich die unteren Fensterteile fest zu machen.

Die Küchen erhalten Herde von 3 zu 5 Kacheln Größen mit Dreilochplatte, Bratofen und gußeisernem emaillierten Wasserkessel. Neben bestehenden Koch herden ist die Beschaffung von Grudeöfen oder Gaskochapparaten unzulässig[1]). Im Rheinland und Westfalen dürfen auch versetzbare eiserne Kochherde beschafft werden[1]). Die Anbringung von Wandbekleidungen aus Kacheln oberhalb des Herdes ist nur in beschränktem Umfange zulässig[1]). Ölfarbenanstrich der Wände ist beim Küchenausguß und im Einzelfalle auch für den unteren Teil der Wände zulässig[2]). Auch dürfen die Küchenwände, na-

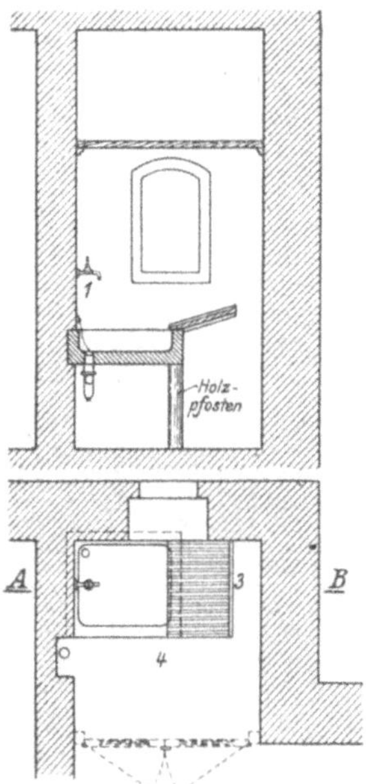


Abb. 150. Spülraum.

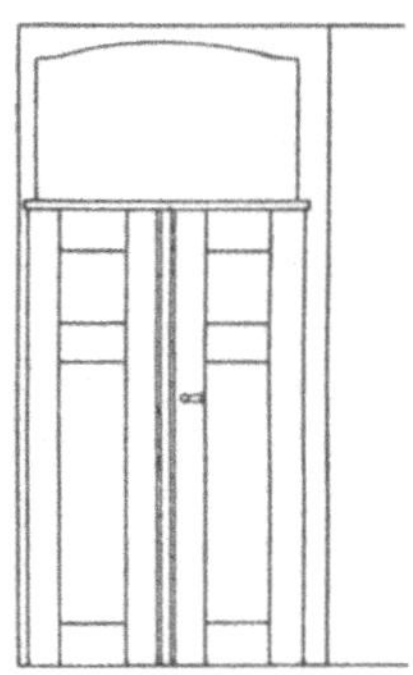

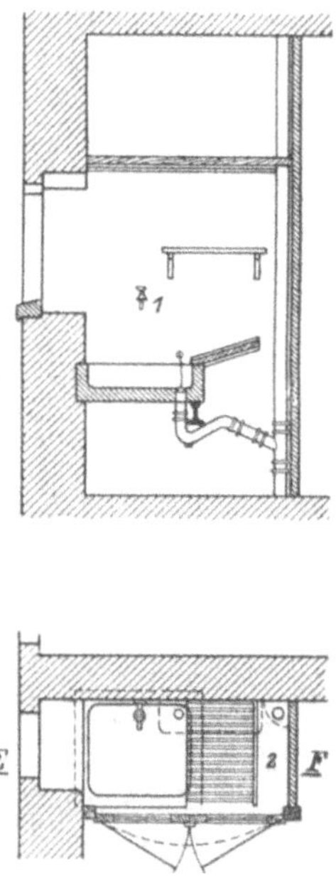


Abb. 151. Spülschrank.

mentlich in den Wohnküchen oder Küchenstuben, wo ortsüblich, im oberen Teil mit Tapeten beklebt werden. Hiervon ist jedoch in den Küchen abzusehen, in denen eine lebhafte Dunstentwicklung zu erwarten steht. Um diese, die oft unvermeidlich ist, in ihrer Schädlichkeit möglichst zu beschränken, erhält jede Küche ein 14—20 cm großes Wrasenrohr mit verstellbarer Klappe. Jede Küche erhält ein eigenes Dunstrohr, weil bei gemeinsamer Benutzung das Sprechen in einer Küche in einer anderen belauscht werden kann, wodurch Unzuträglichkeiten hervorgerufen werden.

Um die Küche bei Benutzung als Wohnraum behaglicher zu gestalten, ordnet man für die Reinigung des Geschirrs und ähnliche Arbeiten einen Spülraum oder Spülschrank an, der ein kleines Fenster erhält und durch eine Tür von der Küche geschieden werden kann. In ihm findet ein Spültisch mit Tropfplatte, möglichst auch ein Besenverschlag seinen Platz. An Höhe genügen 1,95 m; der Raum darüber kann zur Aufbewahrung von Wirtschaftsgeräten oder als Hängeboden verwandt werden (Abb. 150 u. 151). Der Fußboden erhält Linoleumbelag.

[1]) Finanzordnung der preußischen Staatseisenbahnen, Teil XII, Abschnitt A, Ziffer 85.
[2]) Ebenda Ziffer 91.

In den Wohnungen für mittlere Beamte ordnet man neben der Küche eine etwa 1,0 qm große Speisekammer mit 0,65 breiter, nach außen aufschlagender Tür an. Sie erhält Wandbretter[1]) und im unteren Teil der Wände Ölfarbenanstrich[2]). In den übrigen Wohnungen wird statt der Speisekammer, am einfachsten der Raum unter dem Küchenfenster als Speiseschrank ausgebildet. Zu diesem Zweck wird das Küchenfensterbrett etwa 60 cm breit gemacht. Zur Lüftung wird in der Außenwand ein engmaschiges 10×10 cm großes Sieb eingesetzt.

Zum Abschluß der Wohnung gegen das Treppenhaus dient ein Vorplatz mit dem Zugang zu mehreren Räumen, dessen untere Wandflächen mit Ölfarbe gestrichen werden[2]). Um größere Möbel ohne Schwierigkeit hindurchbefördern zu können, ordnet man eine Zimmertür ganz oder annähernd in der Achse der Eingangstür an. Um den Vorplatz zu beleuchten, werden oberhalb der Türen, namentlich der Eingangstüren, Oberlichte vorgesehen oder die oberen Füllungen der Küchen- oder Zimmertüren verglast. Mitunter wird man auch über den niedrigen Speisekammern hinweg unmittelbar Licht zuführen können, wobei die Fenster mit langen Stellstangen zur Lüftung geöffnet oder geschlossen werden. Andernfalls wird man nach manchen Baupolizeiordnungen in den Fluren Lüftungsrohre, entsprechend den Dunstrohren in der Küche, anlegen und über Dach führen müssen.

Ist Wasserspülung vorhanden, so legt man die Aborte von dem Vorplatz aus zugänglich an. Sie an die Treppenabsätze zu verlegen ist grundsätzlich zu vermeiden, weil bei gemeinsamer Benutzung ihre Sauberhaltung dauernd Anlaß zu Zank und Streit gibt, und weil bei dieser Lage leicht üble Gerüche durch das ganze Haus sich verbreiten; auch in sittlicher Beziehung gibt die Lage am Treppenabsatz zu Bedenken Anlaß.

Ist keine Wasserspülung vorhanden, so können die Aborte trotzdem, wenn für regelmäßige Abfuhr gesorgt ist, an den Fluren der Wohnungen angelegt werden, doch ist es erwünscht, dann möglichst einen besonderen lüftbaren oder offenen Vorraum einzuschalten. Solche offenen Vorräume können auch im Anschluß an die Küchen angeordnet werden, wo sie dann gleichzeitig für wirtschaftliche Zwecke, zum Ausklopfen und Lüften von Betten und dergl. dienen. Die Anlage der Aborte erfolgt je nach dem Ortsbrauch als Tonnen- oder Grubenaborte. Bei Anordnung von Gruben ist darauf zu achten, daß sie mindestens 10 m von einem etwa vorhandenen Brunnen entfernt bleiben[3]).

Bei ländlichen Verhältnissen werden die Aborte auch häufig in besonderen Nebengebäuden, meist in Verbindung mit den Ställen angeordnet. Es wird dann jedoch das Grundstück so eingezäunt werden müssen, daß der Einblick von der Straße wenigstens in die Aborte unmöglich ist. Bei Gruben- und Tonnenanlage sind auch die Gruben, die Tonnenräume und Fallstränge zur Vermeidung übler Gerüche zu entlüften. Auch die Lage der Aborte kann dazu viel beitragen. Am besten ist es die Aborte nach Norden zu legen, auch die Anordnung an der Ostseite ist noch zulässig, wogegen bei der Lage nach Süden und Westen durch die Sonnenwärme das Zersetzen der Auswurfstoffe kaum zu vermeiden ist.

Bei Anordnung der Treppen zu den Wohnungen ist anzustreben, für jede Wohnung eine besondere Treppe mit eigenem Eingang zu schaffen; das läßt sich jedoch meist nur bei Einzelwohnungen erreichen (Abb. 137, 138, 143). Bei Vereinigung mehrerer Wohnungen wird sich eine solche Anordnung nur unter Aufwendung sehr erheblicher Mittel erzielen lassen. Man sieht daher meist davon ab und begnügt sich damit, in der Regel nur 2, bei Eckhäusern 3 Woh-

---

1) Finanzordnung der preußischen Staatseisenbahnen, Teil XII, Abschnitt A, Ziffer 99.
2) Ebenda Ziffer 91.
3) Eisenbahn-Nachrichten-Blatt 1907, S. 147.

nungen in jedem Geschoß von der Treppe aus zugänglich zu machen, wobei man gern Treppe und Zugänge der Wohnungen für mittlere und der Wohnungen für untere Beamte oder Arbeiter trennt. Da nach den Baupolizeiordnungen in der Regel nur fünf Geschosse gebaut werden dürfen, ergibt sich als Höchstzahl zehn, in Eckhäusern fünfzehn als Zahl der an einer Treppe liegenden Wohnungen.

Die Treppen erhalten 2,30 m Mindestbreite, um auch größere Möbelstücke auf ihnen befördern zu können. Wendelstufen vermeidet man möglichst; sie müssen an der schmalsten Stelle 10 cm Auftrittbreite haben. Steigungen über 18 cm Höhe werden bei mehrgeschossigen Häusern vermieden. Das Steigungsverhältnis soll so sein, daß die Summe zweier Steigungen und eines Auftritts 64 cm ist. Fast alle Baupolizeiordnungen enthalten besondere Vorschriften über die Treppenanlagen, sowohl für die Baustoffe, aus denen sie herzustellen sind, als auch für die Wandstärken, Treppenabsätze, Laufbreiten, die Zwischenräume zwischen den Geländerstäben, die Abschlüsse im Keller und Dachboden usw., die in jedem Einzelfalle sorgfältig zu beachten sind.

Z. B. bestimmt eine Reihe von Baupolizeiordnungen, daß der Fußboden des obersten bewohnten Geschosses bei Vorhandensein nur einer feuersicheren Treppe — als solche gelten auch auf der Unterseite gerohrte und geputzte Holztreppen — nicht höher als 7,0 m über Gelände liegen darf. Es empfiehlt sich, auf diese Bestimmung Rücksicht bei der Anordnung der Keller zu nehmen. Um beispielsweise bei einem Vierfamilienhaus mit bewohnbaren Dachstuben die Baukosten nicht durch Anordnung einer feuerfesten Treppe zu erhöhen, dürfte in diesem Falle das Erdgeschoß nicht höher als $7{,}0 - (2{,}80 + 0{,}30) \cdot 2 = 0{,}80$ m über Gelände liegen. Andrerseits darf dieses Maß, um das Haus gegen Feuchtigkeit gut sichern zu können, nicht unter 0,30 m betragen.

In der Regel werden die Häuser gänzlich unterkellert. Es ist daher von Wichtigkeit, die Höhe des Grundwasserstandes zu kennen; liegt er höher als die Kellerschle, so werden besondere Sicherheitsmaßregeln gegen das Eindringen der Feuchtigkeit notwendig, wodurch die Kosten erheblich verteuert werden; denn den Keller zu weit aus dem Gelände herausragen zu lassen empfiehlt sich nicht, weil sonst einer seiner Hauptzwecke, die darüber liegenden Wohnräume warm zu halten, nicht erreicht wird. Eine erhebliche Verteuerung tritt ebenfalls ein, wenn der tragfähige Baugrund sehr tief liegt. Auch solche Grundstücke empfehlen sich daher nicht als Bauplätze.

Als Anteil am Keller genügt für jede Wohnung ein 10 qm großer Raum, der fest mit dem Mauerwerk verbundene Wandbretter erhalten kann[1]).

Die Wohnungen werden zweckmäßig so angelegt, daß sie gut durchlüftet werden können, wozu erforderlich ist, daß sie sowohl an der Straßenseite wie an der Hofseite Fenster erhalten, und zwar sollen die Fenster der Wohnräume von der Sonne bestrahlt werden, also nach Osten oder Westen liegen, während für die Speisekammern und Aborte die Nordlage die günstigste ist.

Badeeinrichtungen dürfen nur beschafft werden, wenn ein dauerndes Bedürfnis[2]) vorliegt, z. B. bei abgelegenen Wohnhäusern, wo die Benutzung öffentlicher oder sonstiger Badeanstalten nicht möglich ist. Um die Kosten dafür möglichst niedrig zu halten, empfiehlt es sich, dann meist den Abortraum so groß zu machen, daß eine Badewanne und der Badeofen mit darin aufgestellt werden können.

Die Wohnhäuser werden in der Regel massiv ausgeführt, in Fachwerk nur, wenn dies die ortsübliche Bauweise ist. Die einzelnen Wohnungen und Dachstuben werden durch 1 Stein starke Wände geschieden. Die Dächer läßt man

---

[1]) Finanzordnung der preußischen Staatseisenbahnen, Teil XII, Abschnitt A, Ziffer 99.
[2]) Ebenda Ziffer 97 u. 75.

weit überstehen, um die Mauern gegen Schlagregen zu schützen. Sie werden mit Schiefer oder Ziegeln gedeckt. Flache Dächer sind bei Wohnhäusern nicht zweckmäßig, weil sie einen hohen Drempel erfordern, um Dachstuben einrichten zu können.

Zur Kostenverringerung vereinigt man gern mehrere Einzelhäuser zu Gruppen. Der Eingang zu jedem Einzelhaus wird in der Regel der Raumersparnis wegen unter dem Treppenabsatz angelegt, wobei meist die Treppe nach dem Hof zu liegt. Bei den mittleren Häusern empfiehlt es sich dann, einen zweiten Ausgang unter entsprechender Umbildung des Grundrisses zu schaffen, oder man legt in diesem Fall das Treppenhaus an die Straßenseite und ordnet einen besonderen Ausgang nach dem Hofe zu an.

**c) Nebenanlagen.** Zu jeder Wohnung gehört außer den bereits besprochenen Räumlichkeiten die Mitbenutzung des Trockenbodens, der Waschküche und bei ländlichen Verhältnissen ein Stall für Kleinvieh sowie Gartenland.

Der Trockenboden erhält durch Anordnung von Fenstern, die möglichst einander gegenüberliegen, guten Luftzug, am besten in der Richtung von unten nach oben. In dem Trockenboden sind kräftige Haken für die Wäscheleinen, die zur Schonung der Leinen zweckmäßig Rollen erhalten, anzubringen. Für das Wäschetrocknen im Freien dürfen ausnahmsweise für einzeln belegene Wohnungen Pfähle beschafft werden, wenn nicht in anderer billigerer Weise für eine Vorrichtung zum Anbinden der Leinen, z. B. durch Befestigung von Haken an den Gebäuden, gesorgt werden kann[1]).

Für jede Waschküche ist ein besonderer Trockenboden vorzusehen. Mehr als 10 Wohnungen auf eine Waschküche zu verweisen, vermeidet man. Die Waschküchen gelten nach vielen Baupolizeiordnungen als zum dauernden Aufenthalt von Menschen bestimmte Räume und unterliegen dann allen für diese vorgesehenen Beschränkungen, dürfen z. B. nicht tiefer als 1,0 m in das Gelände eingesenkt werden, müssen 2,50 m lichte Höhe und einen daneben liegenden eigenen Abort erhalten usw. Derartige Bestimmungen sind unter Umständen von Bedeutung für die Aufstellung des Bauentwurfs.

Die Waschküche kann in einem Nebengebäude oder im Keller untergebracht werden; bei städtischen Verhältnissen und bei vorhandener Wasserleitung kann man die Waschküche im Dachraum anordnen, wodurch ein besserer Abzug des Wrasens ermöglicht und die Lage zum Trockenboden günstiger wird. Ihre Größe ist etwa 10 qm. Sie erhält zweckmäßig Asphaltfußboden, der 15 cm an den Wänden hochgezogen wird. Die Herde werden aus Ziegeln aufgemauert oder in Eisen[2]) hergestellt und mit Kupferkesseln versehen, die innen verzinnt werden[3]). Eine besondere Feuerung zum Seife- und Stärkekochen ist erwünscht. Die Waschküchen erhalten ein Ausgußbecken und Fußbodenentwässerung. Für abgelegene Wohnungen können Wäscherollen beschafft werden[4]).

Werden Ställe vorgesehen, so erhalten sie je etwa 6 qm Grundfläche bei 2,50 m lichter Höhe und möglichst eine solche Lage, daß die Sonne hineinscheinen kann. Bei ländlichen Verhältnissen sind größere Ställe, von etwa 9 qm, erwünscht.

Für jeden Stall ist ein Futterboden von 2 bis 3 cbm Raum vorzusehen. Der Futterboden erhält eine 1,20 m hohe, 0,70 m breite, nach außen aufschlagende Tür, an deren Schwelle eine Schutzstange angebracht wird, um beim Anlegen einer Leiter das Mauerwerk nicht zu beschädigen. Es ist darauf zu achten, daß durch einen etwaigen Dachüberstand das Aufschlagen der Tür mindestens im

---

[1]) Finanzordnung der preußischen Staatseisenbahnen, Teil XII, Abschnitt A, Ziffer 99.
[2]) Ebenda Ziffer 86.
[3]) Eisenbahn-Nachrichten-Blatt 1900, S. 276.
[4]) Eisenbahn-Verordnungs-Blatt 1900, S. 593.

rechten Winkel nicht behindert wird. In der Außenwand des Futterbodens sind schmale Schlitze oder Löcher zur Lüftung vorzusehen. Der Bodenraum wird durch eine massive Decke vom Stallraum geschieden, um dessen Dünste vom Futter abzuhalten. Auch die Stalltür muß nach außen aufschlagen; sie wird meist als aufgelegte, 80 cm breite, dichte Brettür ohne Futter und Blendrahmen ausgebildet, häufig zweiteilig, so daß der obere Teil für sich geöffnet werden kann, während der untere feststehen bleibt. Das Fenster, dessen Brüstung auf 1,80 m angeordnet wird, erhält Kippflügel, um leicht und gut lüften zu können. Der Fußboden des Stalles wird 15 cm über das anschließende Gelände gelegt und als doppelte Ziegelflachschicht oder in Beton mit Gefäll ausgeführt, damit er leicht sauber und trocken gehalten werden kann und wegen seiner Undurchlässigkeit die Ableitung der Jauche fördert.

Werden die Ställe an das Wohngebäude angebaut, so ist auch der Dachraum durch eine massive Mauer von dem Wohnhaus abzutrennen.

Häufig vereinigt man die Ställe in einem Nebengebäude (Abb. 152) und vereinigt sie dann gern mit der Waschküche oder mit den Aborten.

Wenn angängig, erhalten die Ställe ihre Lage so, daß der Auslauf für die Hühner nach Süden liegt, und daß die Hühner unmittelbar aus dem Auslauf

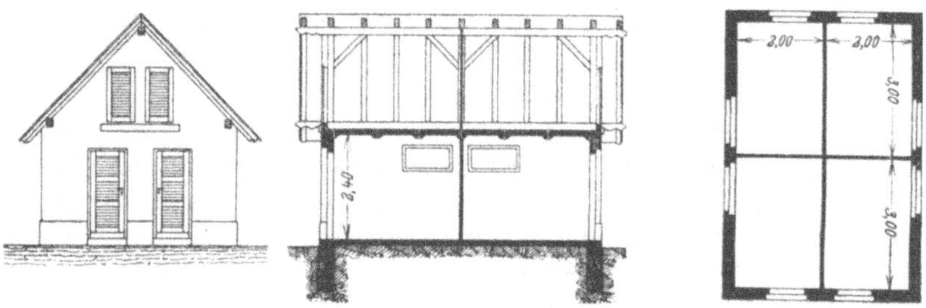


Abb. 152. Stallgebäude.

in den Garten laufen können. In der Regel soll der Garten 10 ar Größe nicht übersteigen[1]). Er soll jedenfalls nicht größer sein, als zum Anbau der für den Haushalt notwendigen Feld- und Gartenfrüchte erforderlich ist[2]). Die erste Anlage einschl. der Obstbäume und Sträucher kann auf Staatskosten erfolgen, jedoch sind davon alle teuren Edelobstsorten ausgeschlossen. Auch Gartenhäuschen, Lauben, Gartenmöbel und -gerätschaften, Schutzdächer an Veranden und dergl. dürfen nicht beschafft werden[3]). Beispiele für einfache Ausgestaltung der Beamtenhäuser bieten die Abbildungen 153 bis 156.

**d) Ansiedlungen.** Bei einer sehr großen Zahl von Wohnungen, wie sie bei abgelegenen großen Werkstätten oder Verschiebebahnhöfen erforderlich werden, müssen die Wohnhäuser häufig zu neuen Ansiedlungen vereinigt werden. Man kann rechnen, daß für jede Wohnung mit Garten 3 ar, für ein Vierfamilienhaus z. B. also 12 ar erforderlich sind, und daß für jede Erdgeschoßwohnung noch etwa 1 ar für Straße und gemeinnützige Zwecke zu rechnen ist.

Außer den Wohnungen werden meist noch weitere, allgemeinen Zwecken dienende Anlagen notwendig. Zunächst wohl stets ein Kaufhaus mit getrennten Verkaufsstellen für Kolonial-, Fleisch-, Back- und Stoffwaren mit den zugehörigen Lagerräumen und der Wohnung für den Verwalter und seine Verkäufer und Gehilfen sowie eine öffentliche Wirtschaft mit einem Gastzimmer, mehreren Nebenzimmern, einer Kegelbahn, den Wirtschafts- und den

---

[1]) Finanzordnung d. preußischen Staatseisenbahnen, Teil XII, Abschnitt A, Ziffer 119.
[2]) Ebenda Ziffer 124.
[3]) Ebenda Ziffer 123.

Wohnräumen für den Wirt und einem Teil seiner Angestellten, gelegentlich das Ganze in Zusammenhang mit einer Speiseanstalt. Häufig ist die Anlage eines Kindergartens mit einer Wohnung für eine Schwester erwünscht. Hierbei ist etwa $^1/_7$ der Wohnungszahl als Zahl der Kinder im Alter von 3 bis 6 Jahren zu rechnen. Erforderlich wird ferner häufig eine Schule mit Lehrer- und Schuldienerwohnungen. Hierbei kann angenommen werden, daß die Schülerzahl etwa das $1\frac{1}{2}$ fache der Wohnungszahl

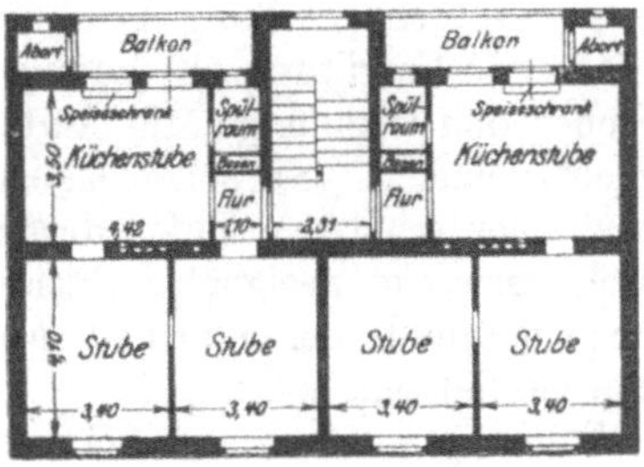

Abb. 153 und 154. Vierfamilienhaus für Unterbeamte. (Grundriß und Ansicht.)

beträgt, Für je 60 Schüler durchschnittlich würde eine Klasse und für jede Klasse eine Lehrerwohnung zu rechnen sein.

Oft werden eine eigene Kirche mit Friedhof und Leichenhalle oder ein Betsaal nötig sein und in Zusammenhang damit Wohnungen für Pfarrer, Küster, Kirchendiener und Totengräber. Zur Ermittelung der Kirchengröße sind $^{13}/_{30}$ der Seelenzahl, wobei die einzelne Familie zu 5 Köpfen anzunehmen ist,

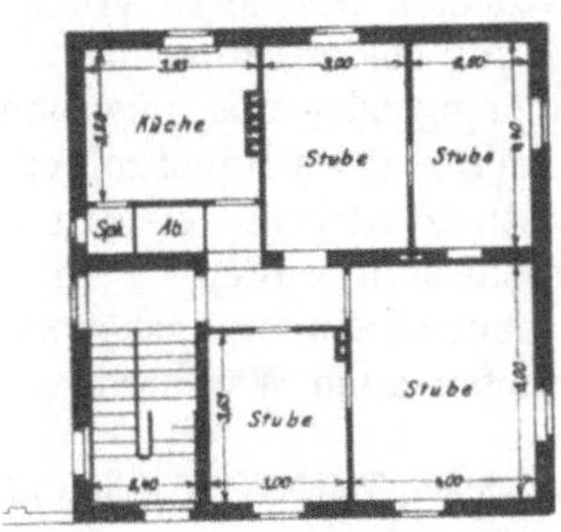

Abb. 155 und 156. Zweifamilienhaus für mittlere Beamte. (Grundriß und Ansicht.)

als Zahl der erforderlichen Sitzplätze zu rechnen. An Friedhofgröße dürfte eine Annahme von 2,5 qm für jede Wohnung genügen, wobei der Verwesungszeitraum auf 30 Jahre und die Zahl der Sterbefälle auf $^1/_{30}$ der lebenden Einwohner angenommen ist. Die Größe eines Grabes für einen Erwachsenen ist 3,78 qm, für ein Kind 1,58 qm. Die Wegefläche beträgt etwa $^1/_3$ der Gräberfläche.

Weiter wird bei der Anlage einer Ansiedlung zu prüfen sein, ob es notwendig ist, ein Ledigenheim zu schaffen, eine Turnhalle, ein Witwen- und Armenhaus, ein Krankenhaus, eine Badeanstalt, ein Spritzenhaus (für 2 bis 3 Handspritzen, wohl auch 1 Dampfspritze), gegebenenfalls auch ein Postgebäude sowie Wohnungen für einen Nachtwächter, einen Gemeindediener, eine Hebamme.

Sehr sorgfältig ist auch darauf Bedacht zu nehmen, daß die Ansiedlung mit gutem Trinkwasser versorgt wird, und zu überlegen, in welcher Weise der Müll, das Regenwasser und die Auswurfstoffe beseitigt und wie die Straßen befestigt und beleuchtet werden sollen. Doch muß in bezug auf alle diese Fragen, die mit dem eigentlichen Eisenbahnhochbau nur in verhältnismäßig losem Zusammenhange stehen, auf die einschlägigen Werke verwiesen werden.

## 2. Für höhere Beamte.

**a) Allgemeines.** Für die Dienstwohnungen der höheren Beamten sind verschiedene Bestimmungen erlassen worden. Für die Größe und Ausstattung ist sowohl die durch die dienstliche und gesellschaftliche Stellung bedingte Lebensführung wie die für die Wohnung zu entrichtende Vergütung (Wohnungsgeldzuschuß) maßgebend. Ein Unterschied zwischen den Wohnungen für Amtsvorstände und für Direktionsmitglieder wird nicht gemacht. Sie sollen sieben Zimmer nebst Küche, Baderaum und Mädchenzimmer erhalten. Unter diesen Zimmern kann sich ein größeres, für Gesellschaftszwecke geeignetes Speisezimmer befinden, während alle übrigen Räume innerhalb der üblichen Abmessungen (etwa 20 bis 25 qm durchschnittliche Größe) sein sollen.

Die Ausstattung soll sowohl innerhalb der Wohnung wie in den Aufgängen usw. nicht über das übliche Maß hinausgehen.[1][2][3][4]

**b) Bauliche Einzelheiten.** Die Fußböden erhalten Linoleum[2]) oder Ölfarbenanstrich mit Lacküberzug[5]). Vor den Öfen werden Ofenbleche zum Schutz der Dielungen angebracht[6]). In den Küchen, Speisekammern, Aborten, Fluren, Treppenhäusern usw. kann der untere Teil der Wände Ölfarbenanstrich erhalten[7]). In den Küchen dürfen die Wände auch mit Porzellanplatten oder Kacheln bekleidet und Aufwaschtische beschafft werden[2]). Die Warmwasserkessel für die Kochherde können aus Kupferblech sein[8]). Küche, Speisekammer und Keller können mit festen Wandbrettern, die Fenster mit Doppelfenstern und Gardineneisen[9]) ausgestattet, auch mit Markisen, Läden usw. ausgerüstet werden[10]).

Badeeinrichtungen dürfen beschafft werden[11]), ebenso Klingelleitungen und elektrische Klingelanlagen[12]). Die Baderäume erhalten einfache Fenster und möglichst wasserdichte Fußböden. Da Gasbadeöfen besondere Vorsicht in der Bedienung erfordern, sollen sie nur Verwendung finden, wenn die Aufstellung von Badeöfen mit Kohlenfeuerung nicht angängig oder mit unverhältnismäßig hohen Kosten verbunden ist, z. B. wenn die Anlage eines Rauchrohres schwierig ist. Die Wohnungen können mit Gasbeleuchtung oder mit elektrischem Licht ausgerüstet und an eine Sammelheizung angeschlossen werden[13]). In den Fluren und Küchen dürfen feste Wandarme, aber ohne Beleuchtungskörper beschafft werden[14]). Für abgelegene Dienstgebäude dürfen auch Wäscherollen beschafft

---

1) Finanzordnung der preußischen Staatseisenbahnen, Teil XII, Abschnitt A, Ziffer 92.
2) Ebenda Ziffer 96.
3) Ebenda Ziffer 60.
4) Ebenda Ziffer 93.
5) Ebenda Ziffer 89.
6) Ebenda Ziffer 61.
7) Ebenda Ziffer 91.
8) Ebenda Ziffer 85.
9) Ebenda Ziffer 99.
10) Ebenda Ziffer 55 und 56.
11) Ebenda Ziffer 97.
12) Ebenda Ziffer 98.
13) Ebenda Ziffer 65.
14) Ebenda Ziffer 59

werden[1]). Dagegen ist es nicht zulässig für Gebäude, die ausschließlich Dienstwohnungen enthalten, Fahnen oder die dazu gehörigen Fahnenstangen, Schnüre u, dergl. zu beschaffen[2]).

**c) Nebenanlagen.** Für die Zuweisung von Gärten, Höfen, Brunnen, für die Lage der Räume zu den Himmelsrichtungen gelten die gleichen Bestimmungen wie für die Wohnungen der unteren und mittleren Beamten; vgl. S. 116 bis 118.

Abb. 157 zeigt ein Beispiel eines Wohnhauses für höhere Beamte; vielfach wird bei deren Anlage von einer Neben-(Wirtschafts-)treppe abgesehen, weil

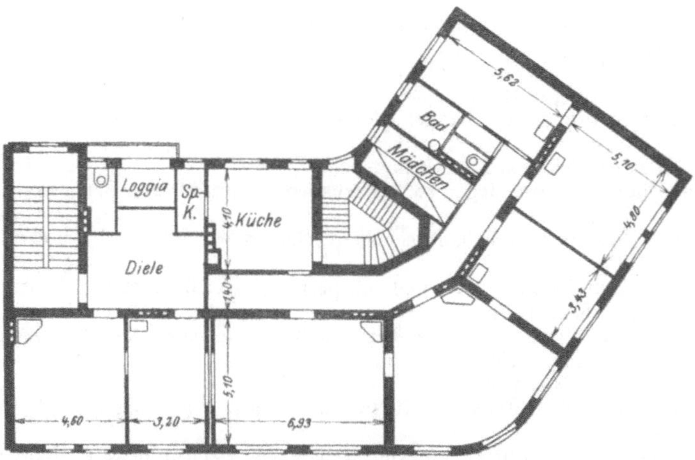


Abb. 157. Wohnung für höhere Beamte.

sie die Überwachung der Dienstboten erschwert, doch bietet sie den Vorteil, daß die Haupttreppe weniger beschmutzt und verunreinigt wird.

**d) Präsidentenwohnungen.** Den Vorschriften für die Wohnungen der höheren Beamten unterliegen auch die der Direktionspräsidenten, jedoch mit dem Unterschied, daß sie meist aus zwölf Zimmern bestehen, wovon drei als Repräsentationsräume gelten, die entsprechend ausgestattet werden[3]). Erwünscht ist es, die Präsidentenwohnung so anzuordnen, daß bei größeren Festlichkeiten der Sitzungssaal der Direktion in die Gesellschaftsräume einbezogen werden kann. Besonderer Wert ist auf die geschickte Anordnung der Kleiderablagen und Aborte zu legen.

[1]) Finanzordnung der preußischen Staatseisenbahnen, Teil XII, Abschnitt A, Ziffer 61.
[2]) Ebenda Ziffer 77.
[3]) Ebenda Ziffer 92 und 93.

# Bücherschau.


Amerikanischer Lokomotivschuppen. Organ f. d. Fortschritt d. Eisenbahnwesens 1915, S. 311.

Annahmeluken des Versandschuppens Hamburg. Zeitschrift d. Vereins d. Eisenbahnverwaltungen 1915, S. 258.

Apel, Die Ausgestaltung von Bahnsteigkanten. Zentralblatt d. Bauverwaltung 1917 S. 123.

Archiv für Eisenbahnwesen. Berlin.

Arendt, Die Güterschuppenanlage usw. Wiesbaden. Zentralblatt d. Bauverwaltung 1907, S. 404.

Bahnhofshochbauten. Eisenbahntechnik d. Gegenwart, Bd. II, 3. Abschn., II. Teil, Wiesbaden 1914.

Baltzer, Fahrkarten-Prüfung usw. und Absperrung der Bahnsteige. Zentralblatt d. Bauverwaltung 1893, S. 249 u. 261.

Barkhausen, Neue Form für Flüssigkeitsbehälter. Zeitschrift des Vereins deutscher Eisenbahnverwaltungen 1900, S. 1682.

Bauwerke der Berliner Stadt-Eisenbahn. Berlin 1886.

Besser, Eine neue Beleuchtung für Stellwerke. Organ f. d. Fortschritt d. Eisenbahnwesens 1916, S. 300.

Blum, Güterbahnhof der Zentralbahn von Neu-Jersey. Zentralblatt d. Bauverwaltung 1907, S. 388.

v. Borries, Elektrische Abrufungseinrichtung auf Bahnhöfen. Zentralblatt d. Bauverwaltung 1909, S. 323 u. 398.

Busse, Werkstättenanlage der dänischen Staatsbahnen. Organ f. d. Fortschritte d. Eisenbahnwesens 1910. S. 196.

Concordia, Zeitschrift d. Zentralstelle f. Volkswohlfahrt 1912, S. 400. Bergmannsheim d. Deutsch-Luxemburgischen Bergwerke, A.-G.

Cornelius, Ausrüstung der Bahnsteige. Verkehrstechnische Woche 1915, S. 382.

— Beitrag zum Bau der Güterschuppen. Zentralblatt d. Bauverwaltung 1905, S. 333.

— Beitrag zum Bau von Waschanstalten für Eisenbahnzwecke. Verkehrstechnische Woche 1914, S. 133.

— Entwerfen und Bau von Empfangsgebäuden. Zeitschrift f. Bauwesen 1913.

— Entwerfen und Bau von Güterschuppen. Zeitschrift f. Bauwesen 1910.

— Entwerfen und Bau von Lokomotivschuppen. Zeitschrift f. Bauwesen 1909.

— Der Verschiebebahnhof Seddin und seine Hochbauten. Verkehrstechnische Woche 1919, S. 193.

— Das neue Empfangsgebäude usw. Wiesbaden. Zeitschrift f. Bauwesen 1908.

— Neu- und Erweiterungsbau des Empfangsgebäudes auf dem Stettiner Bahnhof in Berlin. Zeitschrift f. Bauwesen 1904.

— Neue Wassertürme usw. Zentralblatt d. Bauverwaltung 1915, S. 286.

Cuno, Das Empfangsgebäude des Bahnhofes zu Eydtkuhnen. Zeitschrift f. Bauwesen 1865, S. 101.

— Das Empfangsgebäude auf dem Bahnhof zu Thorn. Zeitschrift für Bauwesen 1865, S. 293.

Cuny, Das neue Empfangsgebäude in Barmen. Zentralblatt d. Bauverwaltung 1913, S. 721.

Cyrus, Die Umgestaltung der Eisenbahnanlagen in Lübeck. Zeitschrift f. Bauwesen 1908.

Eisenbahntechnik der Gegenwart, 2. Aufl. Wiesbaden 1913.

Eisenbahnwerkstätten. Eisenbahntechnik d. Gegenwart, Bd. 1, Abschn. 2. Wiesbaden 1916.

Emele, Kleiderablagen usw. in gewerblichen Betrieben. Zentralblatt d. Bauverwaltung 1917, S. 257.

Emeler, Arbeiterumkleideräume. Concordia, Zeitschrift d. Zentralstelle f. Wohnungswohlfahrt 1919, S. 15.

Enzyklopädie des Eisenbahnwesens. 2. Aufl. Berlin-Wien 1911.

Fenten, Anlage der Güterschuppen usw. Organ f. d. Fortschritte d. Eisenhahnwesens 1892, S. 222.

Frahm, Lokomotivschuppen der Großen Westbahn in London. Zentralblatt d. Bauverwaltung 1907, S. 297.

Funke, Empfangsgebäude und Nebenanlagen usw. der Reichseisenbahnen in Elsaß-Lothringen. Zentralblatt d. Bauverwaltung 1883, S. 148, 155 u. 170.

Giese, Der neue Bahnhof Rennbahn im Grunewald bei Berlin. Zentralblatt d. Bauverwaltung 1910, S. 537.

Glasers Annalen usw. 1909, II., S. 271. Elektrische Uhren.

v. Glinski, Neue Anlagen zum Warmauswaschen usw. in Lokomotivschuppen. Organ f. d. Fortschritte d. Eisenbahnwesens 1915, S. 338.

Greiß, Der neue Wasserturm in München-Gladbach. Zentralblatt d. Bauverwaltung 1910, S. 276.

Grüttefien, Vergleichender Überblick usw. der größeren preußischen Bahnhöfe. Zentralblatt der Bauverwaltung 1888, Nr. 32a.

Handbuch der Ingenieurwissenschaften. Leipzig.

Haßler, Die Lokomotivbekohlungsanlagen. Verkehrstechnische Woche 1916, S. 365.

Helff, Beitrag zur Entseuchung von Eisenbahnwagen. Zeitung d. Vereins deutscher Eisenbahnverwaltungen 1915, S. 959.

Heim und Peters, Der Zentralbahnhof in Magdeburg. Zeitschrift f. Bauwesen 1879, S. 224.

Herrmann, Das neue Empfangsgebäude auf Bahnhof Worms. Zeitschrift f. Bauwesen, 1906.

Hinckeldeyn, Die Aufgabe der Hochbauverwaltung. Zentralblatt d. Bauverwaltung 1905, S. 333.

Hinnenthal, Die neue Lokomotivwerkstätte in Darmstadt. Organ f. d. Fortschritte d. Eisenbahnwesens 1910, S. 412.

Holtmeyer, Beamtenwohnhäuser. Zentralblatt der Bauverwaltung 1915, S. 385.

— Die Eisenbahnempfangsgebäude in Marburg und Treysa. Zentralblatt d. Bauverwaltung 1912, S. 453.

— Kleinere Eisenbahnempfangsgebäude usw. Zentralblatt d. Bauverwaltung 1915, S. 27.

Honemann, Versuche mit Treppenbelägen. Zentralblatt d. Bauverwaltung 1914, S. 549.

Hoogen, Über neue Personenbahnhöfe. Glasers Annalen f. Gewerbe- u. Bauwesen 1920, S. 61.

Hüter, Das neue Empfangsgebäude auf Bahnhof Dortmund. Zentralblatt d. Bauverwaltung 1912, S. 361.

Kasten, Rohrpost und Eisenbahnbetrieb. Verkehrstechnische Woche 1915, S. 757.

Kaumann, Rauchabsaugeanlagen für Lokomotivschuppen. Deutsche Straßen- und Kleinbahnzeitung 1917, S. 463.

Klingholz, Hochbauentwürfe von Studierenden usw. Bd. I. Berlin 1908.

Klopsch, Lokomotivschuppen mit gemeinsamer Rauchabführung. Organ f. d. Fortschritte d. Eisenbahnwesens 1904, S. 60.

— Fahrbare Entseuchmaschine für Viehwagen. Organ f. d. Fortschritte d. Eisenbahnwesens 1915, S. 201.

Knauer, H., Eisenbahn-Hochbauten. Strelitz i. M. 1912.

König, Wasserbau und Wasserwerke. Leipzig 1907.

Kraft, Umbau des Hauptbahnhofs Cöln. Zeitschrift f. Bauwesen 1915, S. 61.

Krause, Die neue Hauptwerkstätte in Delitzsch. Zeitschrift d. Vereins deutscher Eisenbahnverwaltungen 1910, S. 433.

Krieger, Schienenfreie Bahnsteigverbindungen. Borna-Leipzig 1914.

Kriesche, Der neue Zentralbahnhof in Straßburg. Zentralblatt der Bauverwaltung 1883, S. 293, 302, 360 u. 375.

Krohn, Die neue Lokomotivausbesserungswerkstätte in Königsberg. Verkehrstechnische Woche 1909, S. 521.

Langewand, Der neue Bahnhof in Oldenburg i. Gr. Zentralblatt d. Bauverwaltung 1916, S. 89.

v. Langermann, Betrachtungen über die Fortentwicklung der Empfangsgebäude. Zeitung d. Vereins deutscher Eisenbahnverwaltungen 1916, S. 629.

Landsberg, Rollbahnen für Stückgutverladung. Zeitschrift d. Vereins deutscher Ingenieure 1918, S. 541, und Organ f. Fortschritte d. Eisenbahnwesens 1918, S. 367.

Linde, Der neue Personenbahnhof in Karlsruhe. Zeitschrift f. Bauwesen 1914, S. 239.

Luder, Die elektrische Solothurn-Bern-Bahn. Schweizerische Bauzeitung 1918, S. 204.

Lüders, Größe der Räume in den Eisenbahn-Betriebswerkstätten. Zeitschrift d. Vereins deutscher Eisenbahnverwaltungen 1919, S. 979.

Lueger, Lexikon der gesamten Technik. 2. Aufl. Stuttgart und Leipzig 1914.

Lutze, Leitfaden der Eisenbahn-Hochbauten, Leipzig 1913.

Mayer, Die neuen Güterschuppen in und um Stuttgart. Zentralblat d. Bauverwaltung 1917, S. 27.

Metzel, Die Gartenstadt Wedau. Verkehrstechnische Woche 1914, S. 15.

— Kleinhausansiedlung usw. in Dirschau. Zentralblatt d. Bauverwaltung 1912, S. 117.

Metzel, Ledigenheime. Zeitschrift d. Vereins deutscher Eisenbahnverwaltungen 1911, S. 457.
Müssigbrodt, Die Siedlung der mitteldeutschen Reichswerke bei Wittenberg. Zentralblatt d. Bauverwaltung 1919, S. 529 u. 557.
Poeverlein, Richtpunkte für das Entwerfen kleiner Empfangsgebäude usw. Zentralblatt d. Bauverwaltung 1917, S. 22.
Prommitz, Die neue Lokomotivreparaturwerkstätte in Schneidemühl. Glasers Annalen usw. 1909, S. 73.
Remy, Behandlung des Stückgutes usw. Zeitung d. Vereins deuscher Eisenbahnverwaltungen 1914, S. 1289.
Rimmele, Der neue Bahnhof Obertürkheim. Zentralblatt d. Bauverwaltung 1919, S. 433.
Risch, Bauliche Anlagen usw. für den Stückgutverkehr. Verkehrstechnische Woche 1915.
Römer, Empfangsgebäude auf Bahnhof Guben. Zeitschrift für Bauwesen 1871, S. 451.
— Zentralrauchabführung für die Maschinengebäude usw. Deutsche Bauzeitung 1880, S. 367.
Rüdell, Neuere Eisenbahnhochbauten. Zentralblatt d. Bauverwaltung 1902, Nr. 97; 1903, Nr. 47, 79, 81; 1904, Nr. 57, 65, 66; 1905, Nr. 93; 1906, Nr. 97, 99; 1909, Nr. 63, 65, 66.
— Wettbewerb usw. Hamburg. Zentralblatt d. Bauverwaltung 1901, Nr. 9, 11, 13 u. 15.
Ryssel, Maßnahmen z. Verringerung der Not an Kleinwohnungen usw. in Oppeln. Verkehrstechnische Woche 1919, S. 381.
Schlesinger, Staffelförmige usw. Bahnsteigsperren. Zeitung d. Vereins deutscher Eisenbahnverwaltungen 1915, S. 821.
Schmedes, Entseuchungsanlagen für Eisenbahnwagen. Organ f. d. Fortschritte d. Eisenbahnwesens 1914, S. 445.
Schmitt, Bahnhöfe und Hochbauten. Leipzig 1873 u. 1882.
— Empfangsgebäude der Bahnhöfe und Bahnsteigüberdachungen. Handbuch d. Architektur IV, 2, Heft 4. Leipzig 1911.
Schrey, Lokomotivschuppenanlage. Zentralblatt d. Bauverwaltung 1895, S. 120.
Schröder, Der Grundriß des Eisenbahnempfangsgebäudes und seine Entwicklung. Verkehrstechnische Woche und Eisenbahntechnische Zeitschrift 1913/14, Nr. 8, 9 u. 10.
Schwab, Moderne Bahnhofshochbauten und ihre Wohlfahrtseinrichtungen. Stuttgart 1910.
Schwarzer, Innere Einrichtung usw. des Hauptmagazins Opladen. Glasers Annalen usw. 1904, S. 204.
Schweizerische Bauzeitung 1918, S. 177, Das neue Bahnhofsgebäude in Lausanne.
— 1920, S. 181. Kleine Bahnhofbauten der Schweizerischen Bondesbahnen.
Schwering, Güterschuppen mit Holzzementdächern. Zentralblatt d. Bauverwaltung 1886, S. 487.
Seidl, Kleine Hochbauten des kgl. bayerischen Verkehrsministeriums. Deutsche Bauzeitung 1909, Nr. 69.
Seydel, Aufenthalts- und Unterkunftsräume für Eisenbahnarbeiter. Archiv f. Eisenbahnwesen 1904, S. 575.
Steinfinger, Neue Eisenbahnwerkstätten zu Darmstadt. Industriebau 1914, S. 80.
Stellwerksgebäude, Wochenschrift f. deutsche Bahnmeister 1916, S. 938.
Stephani, Die Bahnsteighallen des Hauptbahnhofs Elberfeld. Verkehrstechnische Woche 1915, S. 299.
Stürzenacker, Das neue Empfangsgebäude usw. Karlsruhe. Deutsche Bauzeitung 1919, S. 1.
Tonindustrie-Zeitung 1913, Nr. 39 u. 61 Wassertürme.
Ungethüm, Regelentwürfe im Eisenbahnhochbau. Organ f. d. Fortschritte d. Eisenbahnwesens 1909, S. 176.
— Übernachtungsgebäude der österreichischen Staatsbahnen. Organ f. d. Fortschritte d. Eisenbahnwesens 1908, S. 387 u. 416.
Vogelsang, Empfangsgebäude zu Gladbach. Zeitschrift f. Bauwesen 1862, S. 319.
Wegele, Befestigung der Schienen für Arbeitsgruben usw. Organ f. d. Fortschritte d. Eisenbahnwesens 1917, S. 557.
— Hauptbahnhofsanlagen in Frankfurt a. M. Zeitschrift f. Bauwesen 1891.
Wegner, Neues Empfangsgebäude usw. Hamburg. Zentralblatt d. Bauverwaltung 1914, S. 395.
— Das neue Geschäftsgebäude usw. in Frankfurt a. M. Zentralblatt d. Bauverwaltung 1917, S. 560.
Wolff, Das Eisenbahnempfangsgebäude usw. Leipzig 1882.
Zachariae, Umgestaltung der Eisenbahnanlagen bei Hannover. Zentralblatt der Bauverwaltung 1909, S. 652.

Zeitschrift des Vereins deutscher Eisenbahnverwaltungen 1912, S. 925. Elektrisch betriebene Hängebahnen in Güterschuppen.
— 1920, S. 768. Wechselschalter.
Zeitschrift für Bauwesen 1884 u. 1885. Die Berliner Stadt-Eisenbahn.
— 1865. Empfangsgebäude auf Eisenbahn-Zwischen-Stationen.
— 1862. Empfangsgebäude auf Inselperrons.
Zeitschrift für Bauwesen 1873. Über Trennungsbahnhöfe und insbesondere Empfangsgebäude auf Inselperrons.
— 1893. Umbau des Bahnhofs in Halle a. Saale.
— 1918, S. 1. Statistische Mitteilungen über Empfangsgebäude usw.
Zeitschrift für Wohnungswesen 1910, S. 14. Das Düsseldorfer Ledigenheim.
Zentralblatt der Bauverwaltung, 1899, S. 337. Güterbahnhof Zürich.
1904, S. 234. Hochbauten usw. Metz.
1907, S. 327. Wettbewerb usw. Leipzig.
1908, S. 118. Wettbewerb usw. Darmstadt.
1908, S. 637. Personenbahnhof Vohwinkel.
1910, S. 210. Eisenbahnhochbauten usw. Mühlheim a. Rh. und Kalk.
1912, S. 54. Empfangsgebäude in Solingen, Remscheid und Lennep.
1912, S. 282. Empfangsgebäude usw. Hagen i. Westf.
1913, S. 165. Empfangsgebäude usw. Stuttgart.
1914, S. 85. Neues Empfangsgebäude usw. Darmstadt.
1914, S. 395. Empfangsgebäude der Lokalbahn Schliersee-Bayerisch Zell.
1914, S. 583. Das neue Verwaltungsgebäude usw. in Stuttgart.
1917, S. 481. Der neue Bahnhof in Maastricht.
1919, S. 237. Wiederaufbau der Eisenbahnhochbauten in Ostpreußen.

# Sachverzeichnis.

GPSR Compliance

*The European Union's (EU) General Product Safety Regulation (GPSR) is a set of rules that requires consumer products to be safe and our obligations to ensure this.*

*If you have any concerns about our products, you can contact us on ProductSafety@springernature.com*

In case Publisher is established outside the EU, the EU authorized representative is:

Springer Nature Customer Service Center GmbH
Europaplatz 3
69115 Heidelberg, Germany

**Batch number: 10683525**

Printed by Printforce, the Netherlands